U0161664

新编实用化工产品配方与制备

汽车用化学品分册

李东光　主编

中国纺织出版社有限公司　国家一级出版社
全国百佳图书出版单位

内 容 提 要

本书收集了与国民经济和人民生活密切相关的汽车化学品的成分、制备方法及性能，内容包括汽车清洗剂、保护剂、防冻液、制动液、合成汽油、汽油添加剂等方面，以满足不同领域和层面使用者的需要。本书可作为有关新产品开发人员的参考读物。

图书在版编目(CIP)数据

新编实用化工产品配方与制备.汽车用化学品分册/李东光主编.--北京:中国纺织出版社有限公司,2020.1
　　ISBN 978－7－5180－6614－8

　　Ⅰ.①新… Ⅱ.①李… Ⅲ.①化工产品—配方 ②化工产品—制备 ③汽车—化工产品—配方 ④汽车—化工产品—制备 Ⅳ.①TQ062 ②TQ072

中国版本图书馆 CIP 数据核字(2019)第 191263 号

责任编辑:范雨昕　　责任校对:寇晨晨　　责任印制:何　建

中国纺织出版社有限公司出版发行
地址:北京市朝阳区百子湾东里 A407 号楼　邮政编码:100124
销售电话:010—67004422　传真:010—87155801
http://www.c-textilep.com
中国纺织出版社天猫旗舰店
官方微博 http://weibo.com/2119887771
北京云浩印刷有限责任公司印刷　各地新华书店经销
2020 年 1 月第 1 版第 1 次印刷
开本:880×1230　1/32　印张:8.5
字数:231 千字　定价:88.00 元

凡购本书,如有缺页、倒页、脱页,由本社图书营销中心调换

前言

随着我国经济的高速发展，化学品与社会生活和生产的关系越来越密切。化学工业的发展在新技术的带动下形成了许多新的认识。人们对化学工业的认识更加全面、成熟，期待化学工业在高新技术的带动下加速发展，为人类进一步谋福。目前化学品的门类繁多，涉及面广，品种数不胜数。随着与其他行业和领域的交叉逐渐深入，化工产品不仅涉及与国计民生相关的工业、农业、商业、交通运输、医疗卫生、国防军事等各个领域，而且与人们的衣、食、住、行等日常生活的各个方面都息息相关。

目前我国化工领域已开发出不少工艺简单、实用性强、应用面广的新产品、新技术，不仅促进了化学工业的发展，而且提高了经济效益和社会效益。随着生产的发展和人民生活水平的提高，对化工产品的数量、质量和品种也提出了更高的要求，加上发展实用化工投资少、见效快，使国内许多化工企业都在努力寻找和发展化工新产品、新技术。

为了满足读者的需要，我们在中国纺织出版社有限公司的组织下编写了这套《新编实用化工产品配方与制备》丛书，书中着重收集了与国民经济和人民生活高度相关的、具有代表性的化学品以及一些具有非常良好发展前景的新型化学品，并兼顾各个领域和层面使用者的需要。与以往出版的同类书相比，本套丛书有如下特点，一是注重实用性，在每个产品中着重介绍配方、制作方法和特性，使读者据此试验时，能够既掌握方法，又了解产品的应用特性；二是所收录的配方大部分是批量小、投资小、能耗低、生产工艺简单，有些是通过混配即可制得的产品；三是注重配方的新颖性；四是所收录配方的原材料是立足于国内。因此，本书尤其适合中小企业及个体生产者开发新产品时选用。

本书的配方是按产品的用途进行分类的，读者可据此查找所需配方。由于每个配方都有一定的合成条件和应用范围限制，所以在产品的制备过程中影响因素很多，尤其是需要温度、压力、时间控制的反应性产品（即非物理混合的产品），每个条件都很关键，另外，本书的编写参考了大量有关资料和专利文献，我们没有也不可能对每个配方进行逐一验证，所以读者在参考本书进行试验时，应本着先小试后中试再放大的原则，小试产品合格后才能进行下一步，以免造成不必要的损失。特别是对于食品及饲料添加剂等产品，还应符合国家规定的产品质量标准和卫生标准。

　　本书参考了近年来出版的各种化学化工图书、期刊以及部分国内外专利资料等，在此谨向所有参考文献的作者表示衷心感谢。

　　本书由李东光主编，参加本书编写工作的还有翟怀凤、蒋永波、李嘉等，由于编者水平有限，书中难免有疏漏之处，请读者在应用中发现问题及不足之处时予以批评指正。

编者

2019 年 6 月

目录

第一章　清洗剂

第二章　保护剂

第三章　防冻液

第六章　汽油添加剂

第一章　清洗剂

实例1　车辆冷却水系统高效清洗剂

【原料配比】

原　　料	配比（质量份）		
	1#	2#	3#
枸橼酸	1100	—	—
氨基磺酸	—	1400	—
酒石酸	—	—	1000
乙二胺四乙酸	96	88	40
枸橼酸铵	—	—	80
对甲基苯胺	—	—	48
氟化铵	80	—	—
氟化氢铵	—	16	—
苯胺	19	12.8	—
乙酸	60	—	—
丙酸	—	—	64
甲酸	—	8	—
硫酸	—	—	64
磷酸	—	8	—
盐酸	48	—	—
硫氰酸钠	14	—	—
硫氰酸钾	—	2.4	—
硫氰酸镁	—	—	32

续表

原　　料	配比（质量份）		
	1#	2#	3#
若丁	—	—	80
匀染料1227	—	—	32
六亚甲基四胺	50	—	—
蓝-826	—	16	—
十二烷基硫酸钠	—	0.8	—
椰子油烷基酰胺	8	—	—
水	125	48	160

【制备方法】　在常温常压下将水加入混合罐中,在搅拌下加入配方中其余各组分,使其混合反应20min后静置2h,即为成品。

【产品应用】　本品主要用作汽车冷却系统的清洗剂。

【使用方法】　将本品500g溶于水后倒入汽车水箱内,将水灌满水箱后汽车即可行驶,行驶过程中清洗液在发动机循环下自动对整个水冷系统进行清洗和钝化。

【产品特性】　本品除垢能力强,清洗效果好;在汽车水冷系统的工作温度80～100℃下,对铜基本无腐蚀,对钢铁的缓蚀率在9%以上,在清洗的同时对钢铁有发蓝钝化保护作用,因此不必进行清洗后的钝化后处理;清洗可在汽车行驶过程中完成,清洗时间只需2～6h;实现了高质量、高速度、高效率、零件腐蚀少、使用方便的目的。

实例2　车辆冷却系统清洗剂

【原料配比】

原　　料	配比（质量份）
乙二胺四乙酸	7
烷基酚多乙二醇醚	15

原　　料	配比（质量份）
甲基硅油	0.005
六偏磷酸钠	45
烷基酚钡	1.5

【制备方法】 将原料各组分依次加入反应釜中后，搅拌 30min，混合均匀后，即得本品。

【产品应用】 本品主要应用于车辆冷却系统的清洗。

【产品特性】 本品能高效、温和、无损、彻底地清除车辆冷却系统中的各种污垢，同时具有延缓冷却系统氧化腐蚀的作用。本品可在发动机运行中完成清洗，有利于提高设备的利用率，保持了车辆冷却系统的良好冷却性能，并且成本低，工艺简单易行，无挥发性，对人无刺激性，对金属无腐蚀性，使用方便，安全可靠。

实例3 车辆清洗剂

【原料配比】

原　　料	配比（质量份）
二氯五氟丙烷	95～98
二甲硅油	0.5～1
十二烷基硫酸钠	0.5～1
脂肪醇聚氧乙烯醚	0.2～0.5

【制备方法】 将各组分加入反应釜中，搅拌 30min，混合均匀即可。

【产品应用】 本品主要应用于车辆清洗。

【产品特性】 本品制备方法简单。成品实用性好，工艺操作简便，清洗去污能力强，清洗后在洗车油漆表面覆上一层保护膜，可保护漆面。

实例4 车辆清洗上光剂

【原料配比】

原　　料	配比(质量份)		
	1#	2#	3#
固体石蜡	20	80	400
液体石蜡	1200	400	200
脂肪醇聚氧乙烯(10)醚	1100	1900	500
油酸	70	100	50
十二烷基醇聚氧乙烯(9)醚	1100	200	500
三乙醇胺	80	100	200
聚乙二醇	200	508	800
羧甲基纤维素	300	200	35
双十八烷基二甲基氯化铵	120	200	60
水	适量	适量	适量

【制备方法】

(1)称取一定量的固体石蜡和液体石蜡,将两者合并加热至熔化。

(2)取油酸、脂肪醇聚氧乙烯(10)醚、十二烷基醇聚氧乙烯(9)醚、三乙醇胺、聚乙二醇溶于适量水中,加热至80~90℃,搅拌均匀。

(3)将一定量的羧甲基纤维素,双十八烷基二甲基氯化铵分别溶于适量水中,待用。

(4)将步骤(1)、(2)所得合并,在恒温80~90℃下搅拌均匀后,再将步骤(3)所得溶液加入其中,将水量加足至100%后,充分搅拌,即得产品。

【产品应用】 本品主要应用于车辆的清洗上光,也可用于办公桌、门窗、家用灶具的清洁上光。

【产品特性】

(1)具有多功能作用。即清洁及上光双重作用,使车辆光亮如新。

(2)有抗静电、防尘、防锈蚀功能。浮尘极易掸掉,遇水光泽不变。

(3)产品的 pH 为 7.5,所以对车辆漆面无任何损伤。

实例5 车体干洗剂

【原料配比】

原　　料	配比(质量份)			
	1#	2#	3#	4#
二乙醇胺	1.5	—	—	—
乙醇	—	2.5	—	—
马来酸	—	3	—	—
石蜡	—	30	—	—
石油醚	—	—	0.5	—
EDTA	—	—	1.5	—
蜂蜡油	—	—	10	—
乙二胺	—	—	—	1.5
丁酸	—	—	—	2
地蜡	—	—	—	15
磺酸	2.5	—	—	—
合成蜡	20	—	—	—
硅藻土	1.5	2	0.5	1
水	74.5	62.5	87.5	80.5

【制备方法】

(1)将助溶剂(二乙醇胺、乙二胺、乙醇、石油醚、EDTA)溶于水中。

(2)将有机酸(马来酸、丁酸、磺酸)和矿物油(蜂蜡油、地蜡、合成蜡、石蜡)混合。

(3)将混合好的有机酸和矿物油加入溶有助溶剂的水中,搅拌均匀。

(4)加入研磨剂硅藻土。

(5)搅拌均匀。

(6)灌装。

【产品应用】 本品主要应用于汽车、摩托车等车体表面的清洁抛光。

【使用方法】 使用时,将本品以雾状形式喷于车体表面,待其干后,用干净绒布加以擦拭,即可一次完成车体表面的清洗和抛光。车体玻璃部分蘸少许清水擦拭即可。

【产品特性】

(1)因为不需要用大量的水冲洗车体,故大量节约了水资源,这有利于缓解我国水资源不足的问题。

(2)对车体进行擦拭,不产生二次污染,不像水洗产生大量的污水对环境形成再次污染。

(3)使用方便,产品可以是很小的瓶装产品,放于车上,车体脏了,随时都可擦拭。

(4)节约了人工成本,到洗车场洗车得有人喷水、擦拭、打蜡、抛光、擦干,需要多人合作完成,而本品仅需对车体表面进行喷雾和擦拭,一人便可以完成。

(5)集清洁、打蜡和抛光一次完成,由于产品中加入了有机合成蜡类和研磨剂,经绒布擦拭清洁的同时,会对车体表面起到打蜡和抛光的作用。

实例6 车用多功能一体化清洁抛光剂

【原料配比】

原　　料	配比（质量份）	
	1#	2#
巴西棕榈蜡	69	38
液体石蜡	62	36

原　　料	配比（质量份）	
	1#	2#
地蜡	70	42
蜂蜡	73	29
三乙醇胺	27	29
十二烷基苯磺酸钠（LAS）	31	78
APG	23	69
AES	11	31
CMCNa	8	10
去离子水	591	604
四硼酸钠	9	7
柠檬香精	8	12
草绿色溶液	18	15

【制备方法】

（1）将混合蜡在85~100℃温度下完全熔化。

（2）在85~95℃和250~300r/min的搅拌速度下,把加热到100℃的三乙醇胺溶液加入到步骤（1）中熔化所得100℃混合蜡并搅拌均匀。

（3）在85~95℃和250~300r/min的搅拌速度下,向步骤（2）所制得的混合液中加入加热到沸腾的去离子水。

（4）在85~95℃和250~300r/min的搅拌速度下,向步骤（3）所制得的混合液中加入混合表面活性剂APG、AES和LAS的混合溶液,并搅拌均匀。

（5）在85~95℃和250~300r/min的搅拌速度下,向步骤（4）所制得的混合液中加入四硼酸钠溶液、CMCNa和香精、草绿色溶液,并搅拌均匀。

（6）在150~200r/min的搅拌速度下冷却步骤（5）所制得的混合剂至20~30℃，并封装成桶，即为本品。

【产品应用】 本品主要应用于各种车辆外表面的同时清洗和抛光，尤其适用于高中档汽车和摩托车外表面的清洁和抛光，使用时，应将此清洁抛光剂与水以1：（20~50）的比例混溶。

【产品特性】

（1）本品是车用多功能一体化清洁抛光剂，具有优良的去污和抛光性能，去污能力强，抛光后形成的保护膜光洁度高，憎水性好，可于很长时间起防尘耐污作用。

（2）本品使用方便，与水混溶后即刻可用，涂布抛光容易，极大地减轻了传统打蜡作业的劳动强度，缩短了汽车抛光所需时间。

（3）本品配制容易、生产工艺简单、投资少、成本低、回收快、市场潜力大。

（4）本品是水性体系，溶液无毒、无三废排放，对环境无污染，是绿色环保型产品。

（5）本品没有使用磨料，稳定性好，可以长期存放而不分层。

实例7 车用清洗剂

【原料配比】

原 料	配比（质量份）		
	1#	2#	3#
粉状聚丙烯酰胺	50	65	80
十二烷基硫酸钠	20	15	2
十二烷基苯磺酸钠	2	3	1
三聚磷酸钠	0.2	0.5	0.6
脂肪醇聚氧乙烯醚	1	1.5	2

【制备方法】 将原料混合投进搅拌机内搅拌均匀后采用真空封装法包装成品。

【产品应用】 本品主要应用于清洗汽车。

【使用方法】 使用时,在1000kg水中,加入清洗剂干粉1kg,充分溶解后即可使用。

【产品特性】 本品是高度润滑剂,去污性能好,用来擦洗车辆时,能将黏附于车体表面上的沙粒与车体漆膜之间的摩擦系数降低,擦洗过后给车体表面形成一层很薄的保护层,使车体的漆膜得到有效保护。

实例8 防冻无水洗车去污剂

【原料配比】

原料			配比（质量份）					
			1#	2#	3#	4#	5#	6#
防冻剂	一元醇	甲醇	30	30	20	—	44	12
		乙醇	—	—	5	—	10	—
		异丙醇	—	—	—	2	5	—
	多元醇	乙二醇	5	5	5	8	3	3
		丙二醇	—	—	—	—	2	—
		甘油	—	—	—	—	1	—
水溶性硅油			0.3	0.3	0.1	1	0.05	0.7
表面活性剂		异构十三醇醚	0.1	0.1	0.05	0.01	—	0.2
		704	0.1	0.1	0.3	—	—	0.1
		MES	0.1	0.1	0.2	0.02	0.845	0.2
		ABS	0.3	0.3	1.2	0.97	4.1	3
去离子水			64.1	63.598	68.148	88	30	80.797
水软化剂		EDTA	—	0.5	—	—	—	—
染料			—	0.02	0.02	—	0.005	0.003

【制备方法】

(1)方法一:将水加入搅拌罐中,然后在搅拌下依次加入防冻剂、表面活性剂、水溶性硅油。最后再搅拌 20~40min。出料,分装。

(2)方法二:将水加入搅拌罐中,在不断搅拌下将水软化剂加入,搅拌 5~20min。在搅拌下依次加入防冻剂、表面活性剂、水溶性硅油、染料。最后再搅拌 20~40min,出料,进行分装。

【产品应用】 本品主要应用于冬季汽车去污。

【产品特性】

(1)解决了冬季无水洗车产品无法应用的问题。

(2)本品选用水溶性硅油作为本品的主要成分之一,水溶性硅油的加入克服了由于防冻剂的存在而对车漆可能造成的使车漆光亮度受损的伤害,水溶性硅油不仅使车漆恢复其原有的光泽而且还可以形成一层保护膜,保护车漆免受损伤,极大地提高了产品的性能。

(3)应用原料范围广,使用自来水也可以,极大地方便了选料,适合各个地区应用。

实例9 高效汽车清洗液

【原料配比】

原　　料	配比(质量份)
纳米氧化钛(10~80nm)	1
脂肪醇聚氧乙烯醚	5
硅油	2
液体石蜡	2
硼酸水溶液(0.5%)	5
水	85

【制备方法】 先将水加入玻璃容器中加热,再加入脂肪醇聚氧乙

烯醚不断搅拌,到 75℃时,依次加入纳米氧化钛、硅油、石蜡、硼酸水溶液,同时继续搅拌加热数分钟待分散均匀后,停止加热和搅拌,自然冷却即可。

【产品应用】　本品主要应用于汽车清洗。

【使用方法】　使用时,只需按5%左右加入水中洗车、擦干即可达到去污增亮等效果。

【产品特性】　本品是一种性能优良、环境友好、对人体无害,具有洗车、打蜡、上光一次完成的洗车新产品,它除具有去污打蜡效果外,还具有防静电、抗紫外线、抑菌等多种功能。洗车后,可在漆面形成一层光亮的保护膜,使车辆清洁增亮,对漆面具有延长寿命(防止漆面老化、脱落),抗紫外线、防尘、抑菌、防锈等功效。本品洗车液由高级表面活性剂、纳米材料、抛光剂、抑菌剂、稳定剂等组成,配方独特、性质温和、不伤肌肤。本品能迅速溶化油污灰尘,不留水痕,洁力强劲不损伤车漆的光亮,利于环保。

实例10　护车洗车液

【原料配比】

原　　　料	配比(质量份)
聚乙二醇	1~6
硅油	1~8
液体石蜡	10~30
三乙醇胺	1~2
乳化剂	4~10
羧甲基纤维素钠	0.5~1
水	30~60

【制备方法】　将原料混合,加热至80℃,搅拌30min,混合均匀,

冷却至25℃后即装瓶为成品。

【产品应用】 本品主要应用于漆面、玻璃、仪表盘的清洗。

【产品特性】

(1)本品洗车、打蜡一次完成。

(2)成本低:每460mL本品可洗车40辆。

(3)生产工艺简单,投资小、见效快,生产无污染。

(4)适用范围广,漆面、玻璃、仪表盘以及家具、地板均可使用。

实例11 环保节水洗车液

【原料配比】

原　　料	配比(质量份)
脂肪醇聚氧乙烯醚	5
甘油	2
蜂蜡	2
硼酸(0.2%)	10
去离子水	81

【制备方法】 先将去离子水加入不锈钢容器中加热至50℃,再加入脂肪醇聚氧乙烯醚不断搅动,随着温度的升高依次加入甘油、蜂蜡、硼酸,同时继续搅拌加热数分钟待乳剂溶解、分散均匀后,停止加热(温度不宜超过80℃)、搅拌,倾倒至储液罐中待冷却后灌装至包装瓶中。

【产品应用】 本品主要应用于清洗汽车。

【产品特性】 本品使汽车清洁、上光、养护一次完成。本品含有去污、上光、护膜、抑菌的功能,可将以往多道工序才能完成的工作,综合在一次完成。本品对人体无毒害、对环境无污染,可大量节约水资源。可同时用于车辆的外部和内饰清洁,集清洁去污、上光养护、抑菌杀菌诸功能于一体。

实例12 环保节能汽车漆面清洗液

【原料配比】

原　　料	配比（质量份）		
	1#	2#	3#
巴西棕榈蜡	4.1	5	6
椰子油衍生物	7	8	9
活性铜	2	3	4.15
植物表面活性乳液	12	15	18
硅酮	1	2.5	4
蒸馏水	加至100	加至100	加至100

【制备方法】 将巴西棕榈蜡、椰子油衍生物、活性铜、植物表面活性乳液、硅酮搅拌均匀,溶于同一比例的温度为30℃的蒸馏水中,然后搅拌10~30min即得成品。

【产品应用】 本品主要应用于汽车漆面及家庭硬质物体表面的清洗。

【产品特性】 本品漆面清洗液,其pH为7.1~8.5,经清洗测试,实现了快速地将黏附在汽车漆面上的污垢悬浮和松动,在专业手工技术擦拭下将污垢去除,所有原料含有高效防腐剂,因此,腐蚀性低,安全性好,本品极大地节约了能源,清洗过后无须给汽车漆面打蜡。本品使用范围广,不受地域限制,只需客户有洗车需要,可由产品供应商主动上门服务,从而达到主动节能、主动减排降耗、主动减少交通压力的目的。

实例13 混合型汽车干洗清洗剂

【原料配比】

原　　料	配比（质量份）		
	1#	2#	3#
巴西棕榈蜡	64	72	78

原　料	配比(质量份)		
	1#	2#	3#
异构十三醇醚乳化剂	20	15	10
防晒剂	3	4	4
AET-1 调节剂	11	6	7
AET-2 调节剂	2	3	1

【制备方法】　先进行粗加工,将固体巴西棕榈蜡在 80~95℃加热转变为液体,去除杂质;再进行混合乳化,将所有原料在混料机内混合均匀,转速为 1500~2500r/min;最后进行精制,将乳化后的原料在均质机中进行均质,时间为 15~20min,压力要求在 0.8MPa,即可得成品,然后对成品进行采样检测、罐装、包装、入库。

【注意事项】　巴西棕榈蜡有去污上光保护漆面的作用。乳化剂达到均质的作用;防晒剂有抗紫外线的作用;AET-1 调节剂有润滑、抗腐蚀、去渍的作用;AET-2 调节剂有渗透作用。

【产品应用】　本品主要应用于汽车车身补微痕助剂,可有效去除车身漆面发毛、不光滑、斑点和污渍。

【产品特性】

(1)与美容膏配合使用能很快消除微痕和斑点。

(2)纯属环保型,无掺入有机溶剂,对漆面和皮肤无任何损害。

(3)操作简便,效果好,能替代机械打磨。

(4)成本低,与国外同类产品相比成本相差 2~3 倍。

(5)能去污渍和抗紫外线照射功能。

(6)采用粗加工工艺的好处是可以除去巴西棕榈油的杂质,得到纯净的主原料,便于提高产品质量,采用混合乳化和精制工艺可以使得本品达到纳米级。

实例14 机动车水箱常温水垢清洗剂

【原料配比】

原　　料	配比（质量份）				
	1#	2#	3#	4#	5#
氨基磺酸	9.8	7	9.9	—	—
草酸	—	—	—	9.8	7
六亚甲基四胺	0.03	0.001	1	0.3	0.001
若丁	0.1	0.005	1.2	1	0.005
渗透剂 JFC	0.05	0.001	1	0.05	0.001
氯化亚锡	—	0.002	0.05	—	0.002

【制备方法】　将原料加入混合罐中,搅拌混合均匀即可。

【注意事项】　氨基磺酸是一种有机弱酸,其可以同水垢的主要成分碳酸钙、碳酸镁和氧化铁反应,而将不溶性物质转化为可溶性物质。六亚甲基四胺是一种助溶剂,其可以通过络合等方式促进氧化铁的溶解。天津若丁是一种缓蚀剂,可以预防对有色金属壁的侵蚀。渗透剂JFC 可以加快除垢剂同碳酸钙和碳酸镁的反应速度,促进碳酸钙和碳酸镁的溶解。氯化亚锡是一种还原剂,可以将氧化铁溶于酸后生产的三价铁离子转化为二价铁离子,从而防止对有色金属器壁的侵蚀。

【产品应用】　本品主要应用于机动车水箱除垢。

【使用方法】　先将水箱内的水放干净,关闭放水阀后,按水箱容水量的3%(体积)将所制备的清洗剂投放到水箱中,将水箱加满水并搅拌均匀后浸泡 10h,如果在 4~34℃的水温下浸泡,效果会更好,最后将放水阀打开将清洗剂排除,冲洗干净即可。

【产品特性】　使用本品除垢,尤其是对机动车水箱除垢,除垢率可达98%以上,而且有色金属壁的腐蚀率≤0.6g/($h \cdot m^2$),可以提高机动车水箱的使用寿命,本品的除垢试剂在常温下使用,操作简单,除垢时不会产生硫氧化物、氮氧化物气体和粉尘以及其他有害物质,有利于环保和身体健康,该除垢试剂呈粉状,易于保藏和运输。

实例15 轿车柏油气雾清洗剂

【原料配比】

原　　　料	配比 (质量份)
三氯乙烯	10
二甲苯	68
煤油	11
脂肪醇聚氧乙烯醚	7
硅油	2
液体石蜡	1
三乙胺	0.05
香料	0.1
抛射剂 F_{22}	适量

【制备方法】 取三氯乙烯、二甲苯、煤油、脂肪醇聚氧乙烯醚、硅油、液体石蜡、三乙胺、香料,依次加入带有搅拌装置的容器中,于常温下搅拌均匀,气雾罐灌装,然后按灌装量的25%充抛射剂 F_{22} 即可。

【产品应用】 本品主要应用于清洗汽车沾污的柏油。

【产品特性】

(1)将本清洗剂喷在车身柏油处,即刻可使柏油呈泪状下流,用软布稍加擦拭即可除净。喷雾清洗用量小,清洗速度快。

(2)清洗时不伤车漆并对车漆具有保护作用,不留黄色痕迹。

(3)清洗的同时可给车身打蜡上光,省时省力。

实例16 汽车玻璃清洗剂

【原料配比】

原　　　料	配比 (质量份)	
	1#	2#
十二烷基硫酸钠	6	2

续表

原　　料	配比（质量份）	
	1#	2#
异丙酮	5	40
丙二酮	15	6
氨水	4	1
乙二醇单丁醚	3	0.5
甘油	6	10
PBT	30	5
氯化钠	1	3
去离子水	加到100	加到100

【制备方法】

（1）制备PBT：去离子水与漂白土按5∶3的比例配比；先将去离子水的温度控制在35~40℃，然后将漂白土在搅拌下徐徐地加入，其搅拌速度控制在60~80r/min，搅拌时间为5min，净置15min后再次搅拌，用100目的精密过滤器对混合液进行过滤，并将过滤液进行收集，收集的过滤液即为本品的PBT产物。

（2）将PBT与去离子水混合。在搅拌下将十二烷基硫酸钠加入，并使之充分溶解，在搅拌下依次将异丙酮、丙二酮、乙二醇单丁醚、甘油、氯化钠、氨水加入，充分搅拌混合均匀即可。

【产品应用】　本品主要应用于汽车风挡玻璃的清洗。

【产品特性】　本品对汽车在行驶中由于煤灰、粉尘、昆虫等污染颗粒的撞击并黏附在玻璃上，形成难以去除的污垢，有高度的润湿、溶解、解离分散的作用，去污效果十分显著，特别是通过喷嘴将汽车玻璃清洗剂喷到汽车玻璃上，开动雨刷器清洗玻璃时，有很好的润滑作用，不仅玻璃很容易被清洗干净，而且玻璃也不会被雨刷器夹带着的形状把不规则的细小沙粒所刮伤，使玻璃得到有效的保护，同时还具有防冻功能和一定的防雾效果。特别适合冬季使用，且不腐蚀，不燃烧，不污染环境。

实例17 汽车挡风玻璃清洗剂(1)

【原料配比】

原 料	配比(质量份)			
	1#	2#	3#	4#
烷基琥珀酸酯磺酸钠	0.01	—	—	—
脂肪醇聚氧乙烯醚	—	0.8	0.3	0.5
脂肪醇聚氧乙烯醚硫酸钠	—	0.2	—	—
十二烷基硫酸钠	—	—	0.03	0.5
乙醇	30	10	20	16
丙三醇	—	—	3	3
三乙醇胺	—	—	0.3	—
亚硝酸钠	—	—	—	0.2
硼砂	—	—	—	0.2
乙二醇	3	4	—	—
偏硅酸钠	—	0.1	0.1	—
EDTA-2Na(乙二胺四乙酸二钠盐)	0.3	0.4	—	—
直接耐晒蓝	0.005	0.003	0.0015	0.0001
柠檬香精	—	0.3	—	—
水	加至100	加至100	加至100	加至100

【制备方法】 将原料逐一添加到混合罐中混合,搅拌至均匀呈透明状即可。

【产品应用】 本品主要应用于汽车挡风玻璃的清洗。

【产品特性】 本品针对汽车挡风玻璃行驶过程中遇到的虫胶、油污、尘土等有很好的清洁效果,并能延缓雨刷器的橡胶老化,延长挡风玻璃的使用寿命,本品添加主要溶剂为食用乙醇,并添加具有润滑作用的助剂,是一种无毒害的环保型汽车挡风玻璃清洗剂。

实例18　汽车挡风玻璃清洗剂(2)

【原料配比】

原　　料		配比（质量份）		
		1#	2#	3#
脂肪醇聚氧乙烯醚		0.01	0.05	0.03
丙二醇嵌段聚醚		0.1	5	—
硅酸钠		0.1	—	—
缓蚀剂	硅酸钠：三乙醇胺=1：0.1	—	1	—
	三乙醇胺：硼砂=1：1	—	—	0.3
乙二醇单丁醚		0.5	4	3
乙醇		1	6	3
水		加至100	加至100	加至100

【制备方法】　将原料逐一添加到混合罐中,搅拌至均匀呈透明状即可。

【注意事项】　聚醚为丙二醇嵌段聚醚或脂肪醇聚氧乙烯聚氧丙烯醚。

所述缓蚀剂为偏硅酸钠、亚硝酸钠、硼砂、三乙醇胺等中的一种或两种。

本品中添加的非离子表面活性剂脂肪醇聚氧乙烯醚和聚醚,可复配出低泡的清洗剂,具有良好的渗透性和乳化性能,大大降低了各相界面的张力,具有疏水疏尘功效。

本品的清洗剂中添加的乙醇与表面活性剂及所添加的乙二醇单丁醚有很好的复配效果,且无毒无污染。

乙二醇单丁醚是一种卓越的溶剂,对汽车挡风玻璃上的油星、虫胶、树胶等有良好的溶解作用,配合聚醚等表面活性剂有很好的协同作用,复配使用后的汽车挡风玻璃清洗剂,经常使用可在玻璃上形成保护膜,使挡风玻璃清晰光亮,增大玻璃的透明度,并延长雨刷器的使用寿命,对雨刷器上的橡胶无溶胀作用。

本品的清洗剂中添加的缓蚀剂,对钢、铁、铝等有缓蚀作用,同时还起到缓冲作用,使汽车挡风玻璃清洗剂保持一定的 pH 值,可增强清洗效果。

【产品应用】 本品主要应用于汽车挡风玻璃的清洗。

【产品特性】 本品是一种具有清洁效果好并延长雨刷器橡胶的使用寿命,令挡风玻璃更光亮的汽车挡风玻璃清洗剂,有良好的渗透性和乳化性能,大大降低了各种界面的张力,具有疏水疏尘功效,对油脂、昆虫急撞造成的血渍液体、树下泊车而落下的鸟粪及胶体、车辆尾气造成的油星等都有很好的分散乳化作用,更适宜夏季使用。

实例19 汽车发动机燃油系统清洗剂

【原料配比】

原　　料	配比 (质量份)					
	1#	2#	3#	4#	5#	6#
3-叔丁基对羟基茴香醚	45	9	4.1	27	—	—
双癸二酸辛酯	72	—	27	18	36	36
叔丁基邻苯二酚	—	54	32.4	—	27	27
2,6-二叔丁基对甲酚	—	81	9	45	36	36
煤油 (馏程范围为 230～295℃)	108	63	90	63	72	72
聚环氧乙烷环氧丙烷单丁基醚	630	657	—	—	—	—
聚环氧乙烷环氧丙烷醚	—	—	715.5	720	693	675
γ-氯丙基三丁基溴化镨	45	—	—	—	—	—
γ-正十二氨基丙基三丁基溴化镨	—	36	—	—	—	—

原　　料	配比 (质量份)					
	1#	2#	3#	4#	5#	6#
γ-正十六氨基丙基三丁基溴化磷	—	—	18	—	36	36
ε-辛氨基己基三乙基溴化磷	—	—	—	27	—	—
丙二醇	—	—	—	—	—	16.2
水合肼	—	—	—	—	—	3.6

【制备方法】　将各原料加入带有搅拌装置的混合器中,搅拌混合均匀即可。

【产品应用】　本品主要应用于清洗发动机内部的积炭、胶质。

【使用方法】　启动发动机到正常温度,关闭点火装置,打开油箱盖释放油压,断开油泵,启动发动机,尽可能消耗掉油路里的残余汽油,同时确认油泵已经断开;断开进油管路并将接头接到油管上,拧开加压罐体,将清洗剂加入罐内,并拧紧罐体;打开加气开关,将气源接头连接到设备接头上,同时调整压力旋钮,将罐内压力加注到工作压力,加压完毕后,将加气开关关闭;将罐体正置用挂钩将压力罐挂在远离汽车运动部件、蓄电池和发动机盖的地方,启动发动机置于怠速状态,同时调整压力旋钮到空罐,清洗完毕,关闭压力旋钮至关闭状态,关闭发动机点火装置,重新连接洗油油路、油泵等。

【产品特性】　本品用于清洗发动机内部的积炭、胶质,可快速和有效去除积炭等有害物质,降低油耗和噪音,延长发动机使用寿命,使用引擎运转顺畅、安静,马力强劲。快速有效化解发动机各个部位产生的杂质,提高燃油充分燃烧的效率,节省燃料,有效地提高发动机的效率。

实例 20　汽车风窗洗涤液

【原料配比】

原　　料	配比 (质量份)	
	1#	2#
甲醇	40~45	25~30
苯并三氮唑	0.1	0.07
烷基多聚糖苷	0.2	0.1
脂肪醇醚硫酸钠	0.1	0.08
颜料	0.001	0.0008
去离子水	加至 100	加至 100

【制备方法】　向反应釜中打入甲醇,加入预先溶解的苯并三氮唑,搅拌 1h 后,打入去离子水,搅拌 30min 后再加入预先用少量去离子水溶解的烷基多聚糖苷和脂肪醇醚硫酸钠和颜料,并打入其余的去离子水充分搅拌 1h,溶解后得到汽车风窗洗涤液,可通过 0.1~0.5μm 过滤器过滤分装。

【注意事项】　本品所述的烷基多聚糖苷选用的是十二烷基多聚糖苷。所述脂肪醇醚硫酸钠选用的是脂肪醇聚氧丙烯醚硫酸钠或十二烷基聚氧丙烯醚硫酸钠。所述颜料为绿色系、黄色系、红色系、蓝色系中的一种或多种混合。本品选用酸性绿。

【产品应用】　本品主要应用于清洗汽车风挡玻璃。

【产品特性】　这种汽车风窗洗涤液采用甲醇作为主要溶剂,其水溶性能够在车窗表面迅速蒸发、无残留;通过使用脂肪醇聚氧丙烯醚硫酸钠和烷基多聚糖苷可以彻底解决风窗表面的去虫胶和清洗去污问题;新型无刺激的植物源绿色表面活性剂烷基多聚糖苷使该汽车风窗洗涤液产品具备了优异的防止清洗系统金属被氧化和被酸侵蚀的功能,有效消除了使用其他表面活性剂带来的不良影响,保护清洗系统管路的各种金属部件。烷基多聚糖苷和汽车清洗系统所使用的塑料、橡胶等零部件具有优异的相容性,具有通用风窗洗涤液所不具备的极低的表面张力,能够有效清洁风窗玻璃表面的污垢和其他有机杂质,消除油膜所造成的反光,给行车安全带来良好的保证。

实例21 汽车钢化玻璃防模糊洗液

【原料配比】

原　　料	配比(质量份)
丙醇	25
碳酸钠	20
硬脂酸钠	15
皂化油	6
表面活性剂	4
水	30

【制备方法】 将丙醇、碳酸钠、硬脂酸钠,加水混合,并加入皂化油、表面活性剂,放置于超声波雾化机中雾化均匀,最后经检验、灌装即可。

【产品应用】 本品主要应用于钢化玻璃的清洗。

【产品特性】 将玻璃清洗后,在其表面残留的丙醇、皂化油会形成亲水性的膜,消除了以往的斑点状水膜,使玻璃消除模糊,并且成本低廉。

实例22 汽车空调机清洗剂

【原料配比】

原　　料	配比(质量份)
脂肪醇聚氧乙烯基醚(98%)	5
氨基磺酸(95%)	6

续表

原 料	配比(质量份)
N-二乙醇椰子油酰胺(95%)	1
三乙醇胺(95%)	3
聚乙二醇环氧乙烷加成物(98%)	2
乙二胺四乙基胺(95%)	5
硅酸钠(95%)	1
二丙二醇单丁醚(98%)	4
水	加至100

【制备方法】

(1)取脂肪醇聚氧乙烯基醚、N-二乙醇椰子油酰胺、三乙醇胺、聚乙二醇环氧乙烷加成物、乙二胺四乙基胺共溶分散,温度为20~40℃,时间为0.5h。

(2)取适量水加入硅酸钠中,使硅酸钠全部溶解,溶解温度为40~65℃。

(3)将步骤(1)和步骤(2)所得产物混合,再加入剩余的水和二丙二醇单丁醚在不锈钢反应釜或搪瓷反应釜内以推动式搅拌,速率为40~60次/min进行复配,温度控制在10~30℃,时间1h,维持3h。

(4)成品检测,包装。

【产品应用】 本品主要应用于汽车、空调机的清洗。

【产品特性】

(1)本品为弱酸,性pH值为4~6,无大腐蚀作用。

(2)本品去污力强,尤其对风扇叶片、散热翅片清洗效果尤佳。

(3)本品有缓蚀镀膜防锈的作用。

(4)原料全部国产,来源丰富且成本较低。

实例23 汽车干洗上光液

【原料配比】

原　　料	配比（质量份）		
	1#	2#	3#
二甲基硅油	5	30	10
液体石蜡	5	20	7
脂肪醇聚氧乙烯醚	3	10	5
亚麻油	2	8	4
二氧化硅	3	10	6
十六醇	—	—	3
单硬脂酸甘油酯	—	10	—
丙三醇	—	10	—
丙酮	—	—	2
吐温-60	1	—	—
丙二醇	1	—	—
苹果香精	1	—	—
橘子香精	—	5	—
柠檬香精	—	—	2
蒸馏水	40	100	61

【制备方法】

（1）将原料逐一加入容器中。

（2）对容器中的混合液进行充分搅拌至混合液为软糊状乳液，即制得本品。

【产品应用】 本品主要应用于清洗汽车。

【使用方法】 使用时用细软的纯棉布蘸取本品，直接擦拭车体表面及玻璃，再用干纯棉布进行抛光，即可在完成去污功效的同时，完成上光增亮,在车体表面形成有光泽的亮膜。

【产品特性】

（1）本品具有清洁、上光、增亮、抗静电、防水、防锈等多种功能于一体,能够同时完成多种功效,省时省力。

（2）本品为环保产品,对人体无毒害,对环境无污染。

（3）方法简单易行,成本低。

实例24　水型洗车挡风玻璃清洗剂

【原料配比】

原　　料	配比（质量份）		
	1#	2#	3#
聚氧乙烯聚氧丙烯嵌段聚合物 L61	2.5	—	—
聚氧乙烯聚氧丙烯嵌段聚合物 L64	1.5	—	—
聚醚改性硅油	—	0.2	1
烷基酚聚氧乙烯聚氧丙烯醚（NPE105）	—	0.8	1
甲醇	26	35	—
乙醇	—	—	12
乙二醇	2	4	16
偏硅酸钠	—	0.1	0.3
三乙醇胺	0.3	—	—
亚硝酸钠	0.3	—	—
水	加至100	加至100	加至100

【制备方法】　将各原料加入混合罐中,搅拌混合均匀即可。

【产品应用】　本品主要应用于汽车挡风玻璃的清洗。

【产品特性】　本品针对汽车挡风玻璃行驶过程中遇到的雨水、虫胶、油污、尘土等,使用本品有很好的清洗效果的同时,在挡风玻璃表面形成疏水膜,在下雨时雨水在挡风玻璃上聚集滑落,保证驾驶员视线不受影响,同时本品清洗剂具有一定的抗静电性能。

实例25 去污上光擦车纸
【原料配比】

原　　料	配比(质量份)
三乙醇胺	6.23
液体石蜡	9.77
动物油酸	10.12
去离子水	73.88

【制备方法】 将各原料加入乳化罐中进行搅拌乳化,然后喷涂到化纤非织造布上,再经防霉抗氧处理,即可剪裁成片,分装备用。

【产品应用】 本品主要应用于汽车的去污清洗。

【产品特性】 由于上光去污乳液具有亲水亲油特性,因而具有良好的去污上光双重功能。由此而制成的擦车纸片去污力强、上光方便,而且对车辆漆面具有防锈保护作用,一经擦拭,表面光亮如新。

实例26 无水洁车蜡液
【原料配比】

原　　料	配比(质量份)
甲基含氢硅油	4
脂肪醇聚氧乙烯醚	2
十二烷基二甲基氧化胺	1
乙二醇	10
N-甲基-2-吡咯烷酮	5
二氧化硅	5
水	73

【制备方法】 先在混合罐中加入水,再称取甲基含氢硅油、脂肪醇聚氧乙烯醚、十二烷基二甲基氧化胺、N-甲基-2-吡咯烷酮、二氧化硅,放入上述调制罐中,搅拌2~5min,再加入乙二醇搅拌2~5min即可装瓶。

【注意事项】 本品的甲基含氢硅油为液体蜡的主要成分,它除液体蜡所具有的凝固点低、介电性佳、耐温性好等一般特点外,还因其分子中包含有Si—H键,能参与多种化学反应,当喷射在车身上时,能在汽车表面形成疏水效果好、经久耐用的防水膜,起着外线及抗酸碱的作用,较好地保护车体,使车身光亮,同时对车体具有上光作用。

【产品应用】 本品主要应用于汽车清洗。

【使用方法】 在使用时,只需将产品喷于汽车表面,用布擦拭即可,无须用水冲洗,大大地节约水资源,所用时间短,5~15min。用本品,在一次性清洁车身后,可维持两周以上,使车辆漆面保持亮丽,其保护时间长。

【产品特性】

(1)具有良好的剥离效果,由于采用有效的剥离剂,除污效果好且无损车身,同时缩短了清洁车身的时间。

(2)具有良好的洗净效果,由于采用阴、阳离子型混合物作为表面活性剂,除具有分散乳化、去污等作用外,还具有抗静电、稳泡等功能,并且在清洗车身时不受任何因素的影响,除污彻底,其适应广,可清除各种顽固性污垢。

(3)具有良好的护车功能,能够在汽车表面形成疏水效果好(接触角大)经久耐用的防水膜,较好地保护车体,同时对车体具有上光作用和防紫外线及抗酸碱功能。

(4)具有良好的环保性能,所采用的原料对皮肤刺激性小,且易被生物分解,减少了环境污染。

(5)一次性完成上光、打蜡,在使用过程中即起着上光打蜡,使车面清新亮丽,不沾水,有效保护漆膜。

(6)节约水源,不需要水洗。

实例27 无水洗车、养护液

【原料配比】

原 料	配比(质量份)
洗涤助剂	2~2.5
脂肪醇聚氧乙烯醚	8~10
液体石蜡	10~15
巴西棕榈蜡	2
油酸	4~6
硅油(甲基硅油、乙基硅油、丙基硅油)	2
杀菌剂	0.01
香料	0.01
固体微粉(二氧化硅微粉、磷矿粉、硅胶微等)	0.01
防冻剂(冬季用时加入)	0.5
去离子水	62.46~72.96

【制备方法】

(1)配制A料。在常温下,将脂肪醇聚氧乙烯醚、洗涤助剂、去离子水,在常温下置于容器上进行乳化反应,在反应过程中要不断搅拌直至生成乳液为止。

(2)配制B料。在常温下,将油酸、硅油、液体石蜡、巴西棕榈蜡,置于另一容器中进行乳化反应,在反应过程中不断搅拌直至生成乳液为止。

(3)在不断搅拌下将B液倒入A液中,使A液与B液进行乳化反应,搅拌20min,加入C料(杀菌剂、香料)继续搅拌均匀,直至生成乳白色乳液为止。

(4)将D料(固体微粉、防冻剂)加入上述溶液,继续搅拌直至混合均匀为止,冷却至室温,一种乳白色的无水洗车、养护液即配制而成。

【注意事项】 本品所述洗涤助剂为乙醇胺类(乙醇胺、异丙醇胺、二乙醇胺、三乙醇胺)。其作用是增加洗涤剂的碱性来源,增强低温稳定性,可作为缓蚀剂,使金属物品在洗涤后具有防锈能力。

【产品应用】 本品主要应用于轿车、客车、摩托车、自行车等以及车内的玻璃、仪表盘、皮塑座椅的清洗上光;木制面家具、光滑石材面上的清洁、打蜡、上光。

【产品特性】 本品是将多种化学原料经乳化反应精配而成,由于本品采用表面活性剂、乳化剂、渗透剂、光亮剂、高分子聚合物等多种漆面养护成分组成,故在车漆面形成一种离子膜。这种离子膜既具有减小固—液界面上黏附功,增强污垢去除效果,又具有抗再沉积性能,同时这种离子膜覆盖到车漆表面,起到保护漆层的作用,由于各种成分在乳化过程中,分别起到不同作用,相互协调最终达到去污、打蜡、上光、养护一次完成的特殊功效,长期使用可覆盖车漆表面的轻微划痕、延长车漆寿命。

实例28　无水洗车剂
【原料配比】

原　　料	配比(质量份)
硅酮	2.13
巴西棕榈蜡	5.34
溶剂煤油	26.73
脂肪醇聚氧乙烯醚	6.41
三乙醇胺	0.58
磷酸钙粉	5.34
水	加至100

【制备方法】 将各原料混合,加温搅拌成乳液,按常用方法灌装入喷雾罐内,即可使用。

【产品应用】　本品主要应用于无水洗车。

【使用方法】　装入喷雾罐中后,直接喷在车体上,再以干布擦拭,可立即将车上的污物擦拭掉。

【产品特性】　由于本品的配方中含有上光蜡,这样并同时可在车体表面留有一层上光保护层,无须另用一滴水,即可使车体表面清洗光亮如新。清洁、保养、上光一步完成,节水节能,利于环保。

实例29　无水洗车亮洁剂

【原料配比】

原　料		配比(质量份)
		1#
上光蜡	巴西棕榈蜡	0.78
	川蜡	1.25
	蜂蜡	0.58
乳化剂	异构十三醇醚	0.38
	吐温-80	0.76
	TA-20	0.78
溶剂油	200#(140~200℃)	7.71
油酸		1.42
添加剂	三乙醇胺	0.46
	甲基硅油	1.25
防腐剂	尼泊金甲酯	0.1
香料	柠檬香精	0.25
蒸馏水		84.66

【制备方法】

(1)将蒸馏水加入反应釜中,开启搅拌,用蒸汽间接加热蒸馏水至40℃,然后依次将 TA-20、吐温-80 在不断搅拌下加入反应釜中使其完全溶解,再将三乙醇胺在不断搅拌下加入使其完全溶解,并将均匀混合液升温至 85℃。

(2)将 200[#]溶剂油加入另一反应釜中,开启搅拌,用蒸汽间接加热至 30℃,然后依次将川蜡、蜂蜡、巴西棕榈蜡在不断搅拌下加入反应釜中使其完全溶解,再将甲基硅油在不断搅拌下加入使其完全溶解,再将油酸在不断搅拌下加入使其完全溶解,加料搅拌溶解期间温度操持在 50℃。

(3)将上述步骤(2)所制得的均匀混合液加入上述步骤(1)装有所制得均匀混合液的反应釜中,不断搅拌使温度升高至 85℃,用胶体磨打磨混合液 15min,加入防腐剂尼泊金甲酯后再打磨 5min,再加入柠檬香精。

(4)出料,按照规定标准包装成品。

【产品应用】 本品主要应用于清洗汽车。

【产品特性】 在无水洗车亮洁剂中添加了 TA-20 乳化剂,使生产的无水洗车亮洁剂能以一个稳定的乳浊液的形式存在,提高了无水洗车亮洁剂的乳化性能和稳定性能,从而克服了现有产品乳浊液的稳定性差、易分层的缺点。

实例30 无水洗车轮胎翻新养护剂

【原料配比】

原　　料	配比(质量份)					
	1[#]	2[#]	3[#]	4[#]	5[#]	6[#]
RHODORSIL EIP 乳液	78.08	15	10	12.5	22.5	30
吐温-80	1	0.5	1.85	0.35	0.75	1.5
三乙醇胺	2.05	1.5	0.5	2.5	3	4
乙二醇	2.5	2	1	1.5	3	4
BS-12	0.8	0.5	0.3	1	0.85	1.2
溶剂油	2.29	1.5	1	1.3	2.85	3

续表

原 料	配比(质量份)					
	1#	2#	3#	4#	5#	6#
氨水(20%)	0.68	0.5	0.3	1	0.7	0.8
防腐剂	0.1	0.07	0.05	0.08	0.15	—
染料	0.1	0.001	—	0.003	0.001	0.002
去离子水	63.5	78.929	85	79.767	66.199	55.498

【制备方法】

(1)A液:将去离子水加入搅拌罐中,然后在不断搅拌下依次加入非离子表面活性剂、三乙醇胺、乙二醇、BS-12。

(2)B液:将RHODORSIL EIP乳液在搅拌下加入溶剂油中。

(3)在搅拌下将混合好的B液加入混合好的A液中,加入氨水,尼泊金甲酯,最后加入翠蓝调色,混合均匀后出料,按要求进行包装。

【产品应用】 本品主要用作汽车轮胎的翻新养护剂。

【产品特性】

(1)本品是一种均一的乳液型稳定状态的轮胎翻新养护剂,除具有稳定的乳浊液状态外,在使用方法上也有很大的改善,传统的产品需要先用水将轮胎清洗干净,然后再用轮胎翻新养护剂从而起到保护轮胎的作用,本品涉及的产品是一种节水型的环保产品,具有清洗、养护、上光同时完成的功能,即不用水而直接用本品,就可以去污、养护同时完成,是一种无水洗车的专用产品。

(2)本品配方进行了改进,采用新型的高分子树脂EIP乳液从而使生产的无水洗车轮胎翻新剂能以一个稳定的乳浊液的形式存在,从而解决了现有的相关产品稳定性差、易分层的缺点,并且由于新型高分子树脂EIP的采用使生产工艺得到了简化,因此降低了生产成本。

实例31 无水洗车清洗剂

【原料配比】

原 料	配比（质量份）	
	1#	2#
烷基苄氧化胺	12	20
硅烷酮乳化液	10	16
脂肪醇聚氧乙烯醚	12	20
水	50	60

【制备方法】 将烷基苄氧化胺、脂肪醇聚氧乙烯醚置于搅拌容器中,搅拌均匀后置于蒸馏釜内升温至90℃,搅拌3~5min,然后倒入不锈钢或搪瓷容器内冷却至50~60℃时,再加入硅烷酮乳化液及蒸馏水,搅拌均匀后经灌装机灌装到小容器内待用。

【产品应用】 本品主要用于清洗汽车。

【使用方法】 使用时,将本品喷洒在车辆的表面,用毛巾或海绵一擦即可去污,再用抛光布抛光表面即可。

【产品特性】 本品配方科学合理,它采用烷基苄氧化胺作为阳离子表面活性剂,来用硅烷酮乳化液作为光亮剂,采用脂肪醇聚氧乙烯醚作为非离子表面活性剂,其按一定比例混配后即能够实现车辆表面去污、上光、护漆的目的。其制备工艺简单、容易操作、成本低,它直接喷洒在车辆的表面,然后用布一擦即可完成对车辆清洗工作,同时还能够对车辆表面进行上光、护漆。它能够节约大量的水资源,并对环境无任何污染。

实例32 洗车液(1)

【原料配比】

原 料	配比（质量份）
硅藻土	5

原　　料	配比（质量份）
硅酮油	4
非离子表面活性剂	2
蜜蜡	6
十二烷基苯磺酸钠	3
碳酸氢钠	2
对羟基苯甲酸	1.8
香精	适量
去离子水	70

【制备方法】

（1）把去离子水加热，并将温度保持在85℃左右。

（2）配制A料：将温度维持在80℃左右，搅拌过程中依次加入硅藻土、硅酮油、非离子表面活性剂、蜜蜡，直到混合均匀。

（3）配制B料：将温度维持在80℃左右，依次搅拌混合十二烷基苯磺酸钠、碳酸氢钠。

（4）先把均匀溶合后的A料加入加热后的去离子水中，且连续不停地搅拌5min，使A料和去离子水溶化成混合液，再将充分混合的B料慢慢地加入A料和去离子水混合液中，继续不断搅拌10~15min，随后，把对羟基苯甲酸及香精也先后分别加入其中并且搅拌均匀，直至均匀混合并冷却至室温，即得到产品。

【产品应用】　本品主要应用于汽车清洗。

【产品特性】　本品因为具有新型表面活性剂及高分子聚合物等多种漆面养护成分，其渗透力强，去污垢性好，清洗后车身表皮会附着一层光亮的保护膜，使用时不必加水稀释，可直接边喷雾边擦净。

实例33 洗车液(2)

【原料配比】

1. 皂苷提取液

原 料	配比(质量份)
黄豆粗粉	1000
淀粉酶	5
去离子水	1000

2. 皂角提取液

原 料	配比(质量份)
干皂角果实	100
去离子水	2000
活性蛋白酶	5

3. 洗车液

原 料	配比(质量份)
皂角提取液	1000
皂苷提取液	150
柑橘提取液	250
松节油	5

【制备方法】

(1)柑橘提取液的制备:将柑橘皮干燥脱水,然后粉碎至大约60目,干燥温度为60℃,采用暖气烘干,经粉碎的柑橘皮与其等量的去离子水一同装入球形罐振荡器中,在60r/min的条件下振荡30min,得到糊状物,然后将其榨汁、过滤,滤液为黄色澄清液,将所得的黄色澄清液在80℃的条件下进行减压蒸馏、浓缩,当液体体积大约减少到原体积的25%时,停止蒸馏,静置4h,将浓缩液体减压过滤,然后再将滤液用活性炭脱色,即得无色透明、微黏状的柑橘提取液。

(2)皂苷提取液的制备:将干燥的黄豆进行粗粉碎,取黄豆粗粉,加入淀粉酶和去离子水,搅拌下加热煮沸 15min,然后抽滤,再对滤液进行脱色处理,得无色皂苷提取液,该液中的皂苷含量约 20%。

(3)皂角提取液的制备:将干皂角果实粉碎至 120 目以下,加入去离子水,混合均匀,用水浴控制温度在 60℃,浸渍 2h,得到咖啡色的液体,在此过程中应摇动数次。向上述液体中加入活性蛋白酶,静置 8h,进行水解反应,然后过滤,将滤液用活性炭脱色后,再在 60℃ 的条件下浓缩,即得淡黄色透明、轻度黏稠状的皂角提取液,此时干燥的滤渣的质量约为 50g。

(4)洗车液的制备:将各组分装入球形罐振荡器中,抽净罐中的空气后,充入氧气,加热至 80℃,在 60r/min 条件下振荡 1h,罐中溶液呈无色透明状,停止加热和振荡,即得本品洗车液。

【产品应用】 本品主要应用于汽车清洗。

【产品特性】

(1)使用本品洗车时,不需要使用大量的水冲洗,洗一辆轿车只耗水 2.5~3L,可以节约大量水资源。

(2)本品由纯天然物质制备而成,不含有任何非天然添加剂,降解后可分解为水和二氧化碳,对环境无污染。

(3)使用本品洗车,无须采用高压水冲击车体,不损坏车身漆面。

(4)用本品擦洗过的车体表层,有一层均匀、极薄的保护膜,其可以消除静电,大大地降低了集尘性。

实例34 汽车用清洗剂

【原料配比】

原　料	配比(质量份)					
	1#	2#	3#	4#	5#	6#
粉状聚丙烯酰胺	50	20	50	70	30	20
十二醇硫酸钠	25	40	—	—	—	—

续表

原　料	配比(质量份)					
	1#	2#	3#	4#	5#	6#
无水硫酸钠	25	40	25	15	35	40
甘油单月桂酸硫酸钠	—	—	25	—	—	—
烷基二甲基苄基氯化铵	—	—	—	15	—	—
十八烷基二甲基甜菜碱	—	—	—	—	35	—
月桂醇聚氧乙烯醚	—	—	—	—	—	40

【制备方法】　将原料混合投进搅拌机内搅拌均匀后采用真空封装法包装成品。

【产品应用】　本品主要应用于小汽车玻璃清洗和保护。

【使用方法】　将本品按1:(500~2000)的比例兑水成清洗保护液后使用。

【产品特性】　本品采用科学配方配制而成,使用时将之按比例兑水成清洗保护液,其特点是高度润滑,去污性能好。把清洗保护液装到储水器内,当通过其喷嘴将保护液喷到小汽车车玻上,开动雨刷器清洁车玻璃时,不仅车玻璃很快被清洗干净,而且车玻璃也不会被雨刷器夹带着的形状不规则的细小沙粒所刮伤,使小汽车车玻璃得到有效的保护。

实例35　汽车铝轮毂除蜡水

【原料配比】

原　料		配比(质量份)					
		1#	2#	3#	4#	5#	6#
三乙醇胺	浓度(%)	99	85	88	97	91	95
	用量	10	20	18	13	17	15

原　料		配比（质量份）					
		1#	2#	3#	4#	5#	6#
油酸	浓度（%）	92	87	85	91	89	90
	用量	12	23	25	15	20	17
脂肪醇聚氧乙烯（9）醚		6	13	6.5	7	9	12
椰子油二乙醇酰胺（1∶1.5）		9	8	15	12	10	14
无水乙醇		3	2	5	3	4	5
渗透剂	浓度（%）	95	98	97	97	98	98
	用量	4	7	2	5	6	3

【制备方法】

（1）将三乙醇胺与油酸混合，搅拌均匀得 A 液。

（2）将椰子油二乙醇酰胺加入 A 液，搅拌均匀得 B 液。

（3）将渗透剂加入 B 液，搅拌均匀得 C 液。

（4）将无水乙醇加入 C 液，搅拌均匀得 D 液。

（5）将脂肪醇聚氧乙烯（9）醚加入 D 液，搅拌均匀得成品除蜡水。

【产品应用】　本品主要应用于铝合金，尤其是汽车铝轮毂的除蜡处理。

【产品特性】　本品采用了不同的原料、配比及制作工艺，制成的除蜡水比同类产品抗腐蚀力提高 3~5 倍，使用周期（体现在使用次数上）增加 1~2 倍，对蜡垢的软化、渗透时间缩短 1~2 倍，从而有效提高工作效率，解决了铝合金除蜡过程中被过腐蚀这一技术难题，显著增强使用效果，而且还具有无毒、易生物降解等优点，不会造成环境的污染。

实例36 汽车清洁增光剂

【原料配比】

原 料	配比(质量份)		
	1#	2#	3#
去离子水	740	740	740
三乙醇胺	20	20	15
乳化硅油	30	40	30
油酸	48	48	39
液体石蜡	140	140	180
蜂蜡	15	5	9
环己醇六磷酸酯	0.5	1	2
氢氧化钠(4%)	6.5	6.5	6.5
抛射剂丁烷气	250	250	250

【制备方法】 取去离子水、三乙醇胺、乳化硅油制成水相溶液,再取油酸、液体石蜡和蜂蜡,在54~58℃时加热搅拌至全溶,制成油相溶液,将水相溶液和油相溶液在搅拌速度为100~150r/min,温度58~62℃时,加热混合均匀配制成基料乳剂。取环己醇六磷酸酯加入pH调节剂4%氢氧化钠溶液,调节pH值对7~7.5,配制成微碱性溶液,将上述基料乳剂与微碱性溶液在常温下搅拌均匀配制成成品乳液,成品乳液与抛射剂丁烷气在一定压力条件下分装成罐装产品。

【注意事项】 本品中含有去油垢作用强的三乙醇胺和油酸,采用液体石蜡和固体白蜂蜡作为上光剂,又专用乳化硅油作为高效增光剂,强化并提高了光泽度,将清洁、增光的效能结合在一起,具有去污上光的双重功能,这种液体的产品比膏状、糊状车蜡使用方便,事先无须用水冲洗,直接喷涂,去污快速,上光显著。由于本品以液体石蜡代替巴西棕榈蜡等固态蜡作为上光剂的主体原料,并以乳化硅油强化增光作用,无须加入汽油、煤油等溶剂,所以对汽车漆面无侵蚀作用,并增强了抵制褪色能力,提高了护漆性能,因此适用于各种颜色的高级轿车,本品中加入了新型抗紫外线吸收剂环己醇六磷酸酯,可有效地防止汽车表层涂装的高分子材料树脂涂料在阳光直射下,受日光中的紫外线和在大气中氧的影响而产生光氧老化作用,使漆面失去光泽、变脆、龟裂,新型紫外线吸收剂还具有良好的抗静电性能,也就进一步强化了防尘作用。

为了方便使用,提高擦拭效率和效果,本品的成品充入丁烷气作为抛射剂,加压、灌装后,可制成高效泡沫型气雾剂,喷出的气雾呈摩丝形泡沫状均匀地覆盖车体面漆,形成黏附性泡沫,吸附污垢,在涂层表面形成一层保护薄膜,强化防腐性能,使漆膜不受风、雨、雪和盐类的侵蚀。

【产品应用】　本品主要应用于汽车的清洁、上光。

【产品特性】　本品具有清洁、上光一次完成的特点,能起到防锈、防腐、防尘、防紫外线、护漆等多种功效,去污快速,上光显著,使车体光洁美观,延长使用寿命。

实例37　汽车燃料系统清洗剂

【原料配比】

原　　料	配比(质量份)
椰子油酰胺	12.5
二聚亚油酸	17
丁二酰胺	6
2-正丁基磷酸酯	17
2,6-二叔丁基酚	3
甲苯	17

【制备方法】　在反应釜中,将原料各组分依次加入后,搅拌一段时间后,即得本品。

【注意事项】　所述二聚酸采用二聚亚油酸。

所述有机磷酸酯采用三甲酚磷酸酯或2-正丁基磷酸酯。

所述抗氧防胶剂采用2,6-二叔丁基酚、2,6-二叔丁基对甲酚、2,4-二甲基-6-叔丁基酚、4,4′-亚甲基双(2,6-二叔丁基酚)、N,N'-二异丙基对苯二胺、N,N'-二仲丁基对苯二胺、N-苯基-N'-仲丁基对苯二胺中的一种或它们的混合物。

所述溶剂采用芳香烃或脂肪烃。

【产品应用】 本品主要应用于汽车燃料系统清洗。

【使用方法】 使用时,按比例加入燃料油中,如汽车,一般以1%~3%的比例为好。

【产品特性】

(1)通过车辆的运行,有效地把燃料系统附着的油垢、胶质、积炭,分散而清除,因此对整个燃油系统具有清洁作用。

(2)由于本品清洗中含有极性大分子化合物,不仅可清除燃油系统中的积炭,而且还可阻止沉积物前躯体在金属表面的沉积,有效地降低燃料系统中积炭的产生,对整个燃油系统具有保洁作用。

(3)燃料油长期使用本品清洗剂后,可将汽车尾气排放物中 CO 的浓度降低 50%~60%,并可节油 15%。可确保汽车喷嘴进气阀无堵塞,长期免拆化油器,尾气排放不恶化,从而起到燃料充分燃烧、节油降耗,净化尾气,增加动力,阻止污垢附着,长期保护的作用。

(4)本品的清洗剂同时还具有抗乳化性能及防腐蚀性能,彻底避免油路及发动机系统的腐蚀。

实例38 汽车三元催化器清洗剂

【原料配比】

原　　料	配比(质量份)		
	1#	2#	3#
三聚磷酸钠	3	5	4
酒石酸	5	8	6
乌洛托品	1.5	2.5	2

原　　料	配比（质量份）		
	1#	2#	3#
氢氟酸	1.8	3.8	2.5
过氧乙酸	0.5	1.5	1
柠檬酸	1	5	3
水	8	18	12

【制备方法】　将各原料混合搅拌均匀即可。

【产品应用】　本品主要应用于清洗汽车三元催化剂。

【产品特性】　本品可以除去胶质沉积炭化物,三元催化器的清洗剂使用在三元催化器上,提高车辆动力、降低油耗、净化汽车尾气并能延长三元催化器的使用寿命;三元催化器的清洗剂还可以清洗喷油嘴、燃烧室的积炭、积蜡、杂质等沉淀物。

实例39　汽车水箱快速除垢剂

【原料配比】

原　　料	配比（质量份）		
	1#	2#	3#
三聚磷酸钠	2	8	5
乙二胺四乙酸	500	2	1
水解马来酸酐	2	8	5
二甲苯磺酸钠	2	10	5
脂肪醇聚氧乙烯醚	500	3	1
乙二醇缩乙醚	2	8	5
磷酸	2	10	5
醋酸	5	20	10
水	31	86	31

【制备方法】　按顺序将原料混合均匀后,再混合到水中,并加入少量直接红染料。

【产品应用】　本品主要应用于清洗各种内燃机水冷却系统中的水垢。

【使用方法】　将 500mL 的除垢剂加入到 10L 水中,混合稀释均匀后得到工作液,将其灌注到放空的水箱中,开启汽车发动机使水循环 15min 左右后,即可将水箱中水循环系统中的水垢除净,放空除垢剂后,再用洁净的水清洗三次后,就可灌入防冻液长期使用。

【产品特性】　本品具有酸性除垢剂的除垢快、快速去除水箱内壁上结聚的水垢的特性,一般只需十五分钟左右的时间就可以将水箱内壁结凝多时的老垢,重垢清洗干净。在除垢剂中加入的三聚磷酸钠、乙二胺四乙酸、水解马来酸酐可组成除垢除锈缓蚀剂,可克服酸性除垢剂对金属有较强的腐蚀作用的弊病;同时还加入了二甲苯磺酸钠、非离子烷基酚聚氧乙烯醚、乙二醇缩乙醚、可组成表面活性乳化剂,使除垢剂的性能更稳定,分散更均匀,可减少因水垢而造成堵塞循环水路、毁坏发动机等事故发生。

实例40　汽车水箱清洗剂

【原料配比】

原　　料	配比(质量份)	
	1#	2#
表面活性剂	15	10
无水碳酸钠	0.05	0.05
MC-5	0.2	0.2
固体磷酸	84.75	—
植物渗透剂	—	2
固体硼酸	—	87.75

【制备方法】　将各原料混合均匀即成。

【注意事项】 所述催化剂优选无水碳酸钠;缓蚀剂优选 MC-5、固体除垢剂优选固体酸,如磷酸、硼酸等。

【产品应用】 本品主要应用于洗车水箱清洗。

【产品特性】 本品清洗工作可一次性完成,成本仅是传统清洗方法的 1/10 左右;一台车一年清洗两次左右,"开锅"的问题就迎刃而解;甚至当温度计上显示水温较高时,加入本品清洗剂,温度就会慢慢降下来,有效地保护发动机的正常运转。

实例41 汽车外壳清洗剂

【原料配比】

原 料	配比 (质量份)		
	1#	2#	3#
EDTA 二钠盐	200	200	200
磷酸三钠	105	100	110
十二烷基苯磺酸钠	45	40	50
精制松节油	25	20	30
脂肪醇聚氧乙烯醚 (环氧乙烯加成数 5)	55	50	60
碳酸氢钠	650	600	700

【制备方法】 将各原料充分混合均匀,即可制成洗车外壳清洗剂。

【产品应用】 本品主要应用于汽车外壳清洗。

【使用方法】 使用时,加入清洗剂质量 4 倍的水,稀释成溶液,即可用于清洗汽车外壳,即可手洗,也可机洗,清洗后再用清水冲洗干净,具有清洗时同时上光的效果。

【产品特性】 本品洗车外壳清洗剂,可以手洗也可以机洗,清洗后再用水冲洗干净,具有清洗同时上光的效果,价格相对低廉,而且用量很少,是一种节约资源的环保产品。

实例42 汽车外壳去污上光剂

【原料配比】

原 料	配比(质量份)	
	1#	2#
三乙醇胺	2	1
水	68.5	69.3
机油	20	—
白油(液体石蜡)	—	24
油酸	4	2
870增稠剂	3	3
研磨剂滑石粉	2	—
研磨剂三氧化二铝	—	1.5
柠檬香精	0.5	—
玫瑰香精	—	0.2

【制备方法】

(1)先将三乙醇胺溶于水中,搅拌20min。

(2)再将矿物油与油酸共置于30~40℃不锈钢自动控温器中搅拌40min,使之混合均匀。

(3)然后,将矿物油与油酸的混合物加入三乙醇胺的水溶液中搅拌40min后,再加入870增稠剂,搅拌40min后,加入研磨剂,搅拌30min后,再加入香精,继续搅拌,直至完全混合均匀后,即为成品。

【注意事项】 所述矿物油至少有一种选自润剂油、煤油、机油、白油(液体石蜡)。

所述研磨剂至少有一种选自三氧化二铝、滑石粉。

所述香精至少有一种选自玫瑰香精和/或菠萝香精、柠檬香精。

【产品应用】 本品主要应用于各种车辆外表的无水清洁。

【使用方法】

(1)将本膏挤于干净棉织、软布上,均匀涂于车体外壳。

(2)用干净的棉织软布擦拭车辆壳体即可除尘、去污、上光,使车体焕然一新。

(3)一般污迹、污垢可直接涂膏,用棉织软布擦拭,车体粘有泥渍、沙土等硬物时,应先用毛掸拂去,预先进行清洁,以防直接擦拭损坏漆膜。

(4)使用本膏3~4次,车体外壳光洁度达到打蜡的同等效果。

(5)一般小车擦拭一次的用量为85g。

【产品特性】

(1)本品适用于各种车辆外表的无水清洁,清洁、去污一次完成,方便快捷,使用本品擦拭汽车后,抗静电能力强,灰尘不易黏附,此外使汽车外表形成一层抗紫外线保护漆膜,可防止空气氧化和酸雨对漆膜的侵蚀,对保养车辆外壳产生积极作用。

(2)本品对人体皮肤无刺激,对环境无污染、无毒害。

(3)本品的各种原料均可从商业渠道获得,制备简单、操作方便、成本低。

实例43 汽车无水干洗剂

【原料配比】

原　　　料	配比(质量份)
巴西棕榈蜡	75
JFC-20渗透剂F2	5
可再分散乳化剂异构十三醇醚	3
光亮润滑调节剂AET-1	13
抗紫外线吸收剂CT-2	2
抗霉防腐剂802	1.99
香精	0.01

【制备方法】

(1)首先将巴西棕榈蜡加热熔化,加热温度为85℃,然后放入混合机中,转速为1800r/min,时间为4min达到全部溶解后放入均质机内乳化,乳化压力为0.9MPa,即得到第一步的粗制成品。

(2)将所有原料放入乳化机内进行二次乳化,乳化机的转速为2700r/min,时间为18min,即可得成品。

【产品应用】 本品主要应用于汽车去污、上光、打蜡、养护。

本品装在气雾罐二元包装内,使用时,打开气雾罐塑料盖,倾斜喷在车身上,然后用潮湿的毛巾抹匀,再用全棉毛巾进行擦洗抛光即可达到去污、上光、打蜡、养护一次完成的功效。

【产品特性】

(1)节约水资源,在洗车过程中无污水排放,无环境污染问题。

(2)本品对人和汽车漆面均无损害。

(3)可上门为客户服务,无场地要求,成本低。

(4)降低客户洗车成本,本品实现了清洗、上光、打蜡、养护四步合一的目的。

(5)本品采用气雾罐式二元包装,利用压缩空气作推进剂,无可燃气体,环保安全。

实例44 汽车引擎内部清洗剂

【原料配比】

原　料	配比(质量份)
二甲苯	15
2,6-二叔丁基苯酚	7
硝基苯	6
高碱值磺酸钙	15
抗氧防腐剂二烷基二硫代氨基甲酸盐	5
抗磨剂硫化异丁烯	3

【制备方法】 先将芳香烃加入调和釜中,然后加入酚类化合物,搅拌均匀后,再依次加入硝基化合物、高碱值磺酸盐、抗氧防腐剂、含硫抗磨剂后混合均匀后,即为成品。

【产品应用】 本品主要应用于汽车引擎内部清洗。

【使用方法】 在该车换机油前,将本品按5%的比例加入,怠速运转30min后,放出废机油,更换机油滤芯后,再加入新机油。在新机油加入前,明显地看出发动机内部清净如新。通过使用本品,新加入机油的寿命延长了50%。

【产品特性】 本品在免拆汽车引擎的前提下,汽车运行当中自动彻底地清除整个润滑系统的油泥、胶质、沥青、漆膜、积炭等沉积物,使润滑系统顺畅,发动机内部清净如新,改善润滑效果,减少磨损,延长发动机的寿命。

实例45 汽车用清洗、保护剂

【原料配比】

1. 清洗剂

原　　料	配比(质量份)
焦磷酸钠	25
氟化钠	4
工业级酒精	5
丁基醇	3
磷酸乙酯	4
烷基苯磺酸钠	4
蒸馏水	55

2. 保护剂

原 料	配比 (质量份)
凡士林	40
酒精	15
硅油	16
异构十三醇醚乳化剂	4
蒸馏水	25

【制备方法】

(1)清洗剂的制备:将各种原料加入容器中,在室温下涡流搅拌,待各种原料充分溶合后过滤,然后用罐装机将产物罐装入喷雾式压力瓶中即可。

(2)保护剂的制备:将各种原料加入容器中,并在 70~80℃ 的条件下搅拌,等各种原料充分溶合后进行冷却,冷却后,即可罐装于喷雾式压力瓶中。

【产品应用】 本品主要应用于汽车轮胎、座位、表板、漆皮表面、玻璃等的清洗美化及保护。

【使用方法】 首先将清洗剂喷于需清洗表面,用柔软的布等擦拭,然后在清洗过的表面上喷上保护剂擦亮即可。

【产品特性】

(1)清洗剂能使表面清洁、美观,达到除旧翻新的效果。

(2)喷上保护剂后,经过从活化到钝化过程形成一层保护膜,该膜能起到防止因阳光照射和氧化所带来的表面变色及硬化。

(3)该保护剂具有较强的吸附力,能渗入表层消除内应力,大大减缓汽车轮胎因热胀冷缩、外力震动、冲击所产生的龟裂、老化,从而提高其使用寿命。别外使用该种清洗保护剂,操作简便,不受环境的限制,随时可以进行,而且不存在划伤汽车表面的危险,即实用又方便。

实例46 汽车用玻璃净

【原料配比】

原 料	配比(质量份)
ABS	1
异构十三醇醚	0.5
尿素	5
乙二醇丁醚	5
乙醇	10
异丙醇	5
硅酮乳液	0.1
水和香料	适量

【制备方法】 在常温下按配比将各组分混合均匀即可。

【产品应用】 本品用于汽车玻璃清洗。

【产品特性】 本品于常温下配制即可,具有强化除油效果;无公害、无毒、无腐蚀性;使用方便、快捷。

实例47 汽车钢化玻璃防模糊洗液

【原料配比】

原 料	配比(质量份)
丙醇	25
碳酸钠	20
硬脂酸钠	15
皂化油	6
表面活性剂	4
水	30

【制备方法】 将各组分按比例混合后,置于超声波雾化机中雾化均匀即可。

【产品应用】 本品用于钢化玻璃清洗。

【产品特性】 玻璃清洗后,在其表面残留的丙醇、皂化油会形成亲水性的膜,消除了以往的斑点状水膜,使玻璃消除模糊,并且成本低廉。

实例48 复合型节油尾气净化剂

【原料配比】

1. 净化剂

原　　料	配比(质量份)
有机相	10
无机相	1

2. 有机相

原　　料		配比(质量份)
清洗润滑剂	十六酸十六酯	70
	二十二酸甲酯	10
	十八酸十八酯	10
分散剂	十二烷基苯磺酸胺	1
	十八烷基磺酸胺	1
	磺基苯	1
助燃剂	季戊醇	0.5
	叔丁醇	0.5
	聚氧酰胺	2
助溶剂	己酸己酯	2
	辛酸辛酯	2

3. 无机相

原料	配比（质量份）	原料	配比（质量份）
La_2O_3	60	NiO	2
CeO_2	20	Cu_2CrO_2	3.9
Zr_2O_3	2	V_2O_5	4
Fe_2O_3	2	Co_3O_4	2
Mn_2O_3	2	$PdCl_2$	0.025
$RhNO_3$	0.05	Nd_2O_3	2
$PtCl$	0.025	H_2SO_4	200

【制备方法】　称取有机相各组分,按顺序依次倒入反应釜中,边加热边搅拌,直至全部熔化,然后按有机相:无机相为10:1的质量比投入油溶性盐无机相,继续加热,在100℃下搅拌0.5h后放出,冷却至55~60℃时浇注成3g左右的固体颗粒,包装储存即可。

其中无机相的制备方法为:按比例称取金属氧化物各组分,倒入塑料容器中,搅拌均匀,然后称取两倍质量的浓硫酸,缓缓倒入容器中,静置24h,即可备用。

【产品应用】　用作于内燃机汽油节油、尾气净化。

【产品特性】　本品功能齐全,集清洗、润滑、汽油分散、助燃、燃烧催化等诸多功能为一体;效果明显,添加剂仅为10kg汽油添加3g本品,成本低廉;具有很强的自净化与保护作用。

实例49　高效机动车尾气净化剂
【原料配比】

原料	配比（质量份）		
	1#	2#	3#
硝酸亚铈	0.5	3	2

原　　料	配比（质量份）		
	1#	2#	3#
硝酸钕	2	4	0.5
氢化硼钠	5	0.1	3
一氮三烯六环	1000	1000	1500

【制备方法】　首先按配比分别称取硝酸亚铈、硝酸钕、氢化硼钠在常温常压下。顺次加入一氮三烯六环溶剂中，但必须在搅拌条件下待先加入的溶质完全溶解后再加入另一溶质，搅拌均匀的混合液即为成品。

【产品应用】　本品特别适用于各类机动车的尾气净化。

【产品特性】　本品制备工艺简单、用量少、使用方便、成本低，在标定工况点下节油率、净化率分别为 5% 以上和 50% 以上等优点，同时原材料来源广泛，利于推广应用。

实例 50　机动车尾气净化剂

【原料配比】

原　　料	配比（质量份）	
	1#	2#
三氧化二铝	2	4
二氧化铈	0.5	0.7
三氧化二钇	0.3	0.5
试剂纯硫酸	5.6	10.4
汽（柴）油溶剂	5.6	13

【制备方法】　按配方中各组分的配比，将三氧化二铝、二氧化铈、三氧化二钇的粉末放在塑料容器中搅拌均匀；然后取上述于三个组分

两倍质量的硫酸缓慢倒入上述容器内,静置 10~20min;再按配比将汽(柴)油溶剂倒入上述容器中静置 24h 后,出现明显的相界,将下部的无机相抽滤掉即为成品。

【注意事项】 三氧化二铝与二氧化铈、三氧化二钇的粒度分别 3~6μm 与 2.5~6μm。

【产品应用】 本品特别适用于各类机动车的尾气净化。

【产品特性】 本品制备工艺简单、用量少、降低污染效果显著、使用方便、原材料来源广泛等优点,而且由于净化剂的加入使之燃烧充分,增加燃烧值、节省能源、减少积炭与改善活塞润滑性能的功效。

实例51 净化尾气的汽油添加剂

【原料配比】

原　料	配比（质量份）	
	1#	2#
甲醇（乙醇）	41	43
异丙酸	3	3
异丁酸	7	7
二甲苯	13	13
甲苯	13	13
轻油	2	2
异丁烷	21	21

【制备方法】 将各组分混合均匀即可。

【产品应用】 本品用作汽车燃料汽油中的添加剂。

【产品特性】 使用这种添加剂后,可以减少汽车尾气中的 CO、SO_2、HC、NO_x 等有害气体含量,减少空气的污染,降低汽车尾气对大气中臭氧层的破坏和引起地球气温变暖的状况,保护环境。

实例52　汽车尾气净化剂

【原料配比】

原　料	配比(质量份)			
	1#	2#	3#	4#
甲醇	61.7	59.21	58	64.25
乙醇	9	10	10	8
异丙醇	28	30	30	27
十八醇	0.4	0.5	0.8	0.2
消烟除碳清洗剂	0.7	0.19	1	0.5
润滑剂	0.2	0.1	0.2	0.05

【制备方法】　首先将各种醇放入搅拌机中充分搅拌均匀,再将消烟除碳清洗剂及润滑剂加入其中,并再搅拌15min即得成品。其中搅拌机为防爆液体搅拌机。

【注意事项】　本品中消烟除碳清洗剂是由石油磺酸钠、T-60、椰子油酸、乙二醇酰胺、三乙醇胺,几种成分按每种相同的质量比充分混合组成;润滑剂为油酸。

【产品应用】　本品用于汽车尾气净化。

【产品特性】　加入本品后按照国家规定的尾气排放标准测试其各项指标均明显优于国家标准,并且加入后,可清除各部件的积炭并且不会再生,并清洗干净油路,使油路不会发生堵塞现象,提高发动机动力,降低油耗。本品所用原料成本较低,生产出的尾气净化剂成本低廉,易于推广及使用并为消费者所承受。

实例53　高效燃油清洁剂

【原料配比】

原　料	配比(质量份)	
	1#	2#
油酸	5	5

原　　料	配比（质量份）	
	1#	2#
异丙醇胺	2	5
水	5	5
氨水	3	2
乙二醇—丁醚	5	5
正丁醇	5	5
煤油	10	10
润滑油	10	5
乙醚	30	25
石油醚	5	—
柴油	—	10
丙酮	8	10
油溶性锰盐	10	10
脂肪醇聚氧乙烯醚	1	1

【制备方法】 按配比将所有原料分别溶解、混合、沉淀、分离、过滤，即可灌装成品。

【产品应用】 本品可以分别用于汽油、柴油。用于各种机动车辆和各种内燃机以及所用的各种燃油中。本品使用方便，用量少。本清洁剂直接添加于机动车内燃机燃油中，掺油使用即可发挥作用，添加量仅为燃油体积的 0.1%～1%，就能达到清洁的理想效果。

【产品特性】 本品除污垢快。使用本清洁剂，对于附着在燃烧系统零部件上的污垢清除速度快，可于行驶 28～100km 将污垢彻底清除干净；除污垢适应性强。无论于低温地区或高温地区所生成的污垢均可彻底清除；该产品在燃烧过程中能保持车辆燃烧系统永久清洁。既能阻止新污垢的形成，又能将旧污垢清除掉；本品适应范围广。各种机动车辆和各种内燃机以及所用的各种燃油都能适应使用;消除车辆黑烟,脱除有害气体,减少车辆对环境的污染,保护大气环境;提高发动机耐磨强度。使用本清洁剂,能够使车辆燃烧系统的零部件保持永久崭新、干净,能够减少燃烧系统零部件的磨损,增加润滑性,延长车辆燃烧系统零部件的寿命20%以上;节能效果显著。使用本清洁剂能确保车辆耗油量减少,使车辆节油15%～20%;提高发动机功率,由于本清洁剂同车辆燃油混合使用,促进燃油充分彻底燃烧,从而大大减少了耗油量,还能使发动机提高功率15%～20%。

实例54 发动机燃油系统清洗剂

【原料配比】

原　　料	配比(质量份)	
	1#	2#
聚异丁烯胺	6	—
聚丁烯琥珀酰亚胺	—	8
十八烷基聚氧乙烯醚	18	12
精制液体石蜡	—	—
十二烷基醇酰胺	—	14
异丁醇	18	—
乙二醇单甲醚	—	30
200#溶剂油	58	—
二甲苯	—	36

【制备方法】 将高分子清净分散剂、携带油溶于稀释剂中,再将除水剂溶于极性溶剂中,再将两者混合均匀,即可得到本品。

【注意事项】 高分子清净分散剂可以是聚异丁烯胺、聚醚胺、聚烷基酚、烷基聚氨酯、聚异丁烯琥珀酰亚胺中的一种;携带油为烷基聚丙二醇醚、烷基聚丁二醇醚、机械油、基础油、液体石蜡、植物油中的一种;除水剂为十八烷基聚氧乙烯醚、十二烷基醇酰胺中的一种或两种;极性溶剂为异丙酮、异丁醇、乙二醇单甲醚、乙二醇单丁醚中的一种或两种;稀释剂为汽油、二甲苯、200#溶剂油、煤油、松节油中的一种。

【产品应用】　本品用于清洗发动机燃油系统。

【产品特性】　本品不但对金属无腐蚀,稳定性好,而且可以有效地将燃油系统各处的沉积物清洗干净,方便快捷,不耽误汽车的正常运行,清洗方便。

第二章 保护剂

实例1 超级防腐、防锈、去污增光保护剂

【原料配比】

原 料	配比（质量份）		
	1#	2#	3#
硬脂酸	10	12.5	15
吗啉	1	1.5	2
三乙醇胺	60	55	50
甲醇	0.2	0.3	0.4
甲醛	0.1	0.2	0.3
软水	28.39	30.15	31.9
甲基硅油	0.309	0.35	0.4
香精	微量	微量	微量

【制备方法】

（1）取硬脂酸、吗啉、甲醇、软水放入容器内搅拌5min后,倒入反应釜内升温到80℃并恒温,搅拌200min。

（2）将三乙醇胺、甲基硅油、香精、甲醛倒入步骤（1）所得溶液中的反应釜内搅拌2h,然后速冷（降温至常温）1h。

（3）最后在常温下再搅拌2h。灌装。

【产品应用】 本品主要用于轿车的去污增光保护,也用于飞机、军械、家电等其表面的防护。使用时用海绵蘸取少许均匀擦在漆膜表面。

【产品特性】 本品属软性乳化型,具有防腐、防锈、去污增光等功能。它将防腐、防锈、去污上光、坚膜一次完成,成本低、效果佳。

实例2　车辆齿轮养护剂

【原料配比】

原　　料	配比(质量份)
乙烯与丙烯共聚物	25
二烷基二硫代磷酸锌	2
硫化烯烃棉籽油	5
氯化石蜡42%	10
高碱值磺酸钙	15
矿物油200SN	40

【制备方法】　先将精制的矿物油加入调和釜中,升温至60℃,然后在搅拌下,依次加入其余原料,恒温搅拌1h后,即可得本品。

【产品应用】　本品主要应用于车辆齿轮的养护。

【产品特性】　本品可以有效地减轻重负荷工况中车辆齿轮的相互摩擦,延长齿轮的工作寿命,并可达到节省燃料的效果。

实例3　车用发动机多功能保护剂

【原料配比】

原　　料	配比(质量份)		
	1#	2#	3#
基础油	37	39	36
硫代磷酸正丁酯	—	26	—
硫代磷酸苯酯	27	—	30
硫代异辛基酚钙	2.5	—	—
硫代异戊基酚钙	—	2.8	3
1:1的异丙基二苯胺和酚酯型化合物的组合物	0.6	—	0.7

续表

原 料	配比(质量份)		
	1#	2#	3#
2:1 的叔丁基二苯胺和酚酯型化合物的组合物	—	0.5	
硫化烯烃棉籽油	32	30.5	29.5
聚乙烯正丁基醚	0.9	—	0.8
聚乙烯异丙基醚	—	1.2	—

【制备方法】 可将原料以任何顺序加入反应釜中,在 30~40℃下搅拌 20min,即得到本品发动机多功能保护剂。

【产品应用】 本品主要应用于汽车发动机。

【产品特性】 提高发动机的密封性,提速快,尾气排放小;降低发动机噪声;机油使用寿命提高 1.5~2 倍以上;微型面包车平均节油率为 14%,大卡车平均节油率为 4.5%;四球机试验 PB 值比进口同类产品提高 5%;除锈和清除积炭效果明显。

实例4 充气轮胎保护剂

【原料配比】

原 料	配比(质量份)					
	1#	2#	3#	4#	5#	6#
植物纤维	7	6	8	7	7	7
粉煤灰	4	3	5	4	4	4
羧甲基纤维素	3	3	3	3	3	3
乳化剂异构十三醇醚	0.5	0.5	0.5	0.5	0.5	0.5
肥皂	0.5	0.5	0.5	0.5	0.5	0.5
防老剂 D	1	1	1	1	1	1

续表

原　　料	配比（质量份）					
	1#	2#	3#	4#	5#	6#
重铬酸钾	1	1	1	1	1	1
乙二醇	32	33	31	—	39.5	44.5
水	51	52	51	83	43.5	37.5

【制备方法】

（1）将所需要的水加入容器A中加热至35~40℃，然后分别加入重铬酸钾、异构十三醇醚和肥皂，充分搅拌使其完全溶解后，再加入乙二醇搅拌，在温度保持在30~40℃的条件下，缓缓加入羧甲基纤维素，充分搅拌使其成为均匀的乳状液体。

（2）在B容器中分别加入植物纤维、粉煤灰、防老剂D搅拌均匀，然后将B容器中的物料倒入A容器中，搅拌约2h，使其成为均匀的悬浮乳浊状液体，自然冷却后即为成品。

【注意事项】　所述植物纤维包括锯末、废木屑、植物秸秆、谷类皮，其粉碎细度过80目筛。所述粉煤灰为颗粒状，其细度过80目筛。

【产品应用】　本品主要应用于小汽车、大客车、货车、工程机械车、自行车、摩托车及各种军用车辆的橡胶充气轮胎。

【产品特性】

（1）应用范围广。适用于小汽车、大客车、货车、工程机械车、自行车、摩托车及各种军用车辆的橡胶充气轮胎，适应的工作温度为-50~100℃。

（2）效果显著。本产品的主要作用是防漏、防爆、防弹，能在瞬间堵住直径7mm以下的穿孔，从而能预防因穿孔漏气引起的爆胎，同时，轮胎内加入本品后，能大大降低其工作温度，从而能预防因轮胎过热引起的爆胎。

实例5　多功能喷雾上光蜡

【原料配比】

原　　料	配比(质量份)
固体蜡	0.5~2
液体蜡	50~80
稀释剂	10
三乙醇胺	1
硅油	0.5
香料	1~4
气雾剂	35~40

【制备方法】　在常温下把原料固体蜡、液体蜡、稀释剂、三乙醇胺、硅油、香料混合均匀,用压力罐装机装瓶时,把计量的气雾剂一同压入瓶中即得产品。

【注意事项】　香料香型为森林型、薄荷型、苹果型、玫瑰型等,就根据需要进行选择。气雾剂选用无毒、价廉、未加臭味的石油液化气。

【产品应用】　本品主要应用于车辆、家电、家具、仪表仪盘等表面进行上光增新。

【产品特性】

(1)能快速对车辆、家电、家具、仪表仪盘等表面进行上光增新。在其表面上形成光亮保护膜,对于上光物品既起到美化作用,又起到防老化,延长使用期的作用。

(2)作为喷雾产品由于气雾剂产生的压力和溶解力,能对上光物品表面结构上的微尘污迹起到清洗作用。

(3)对于表面不平整的上光物品(如仪表仪盘、家电等),使用本品更能发挥快速、均匀、方便的特点,能彻底克服传统固体上光蜡在使用上的费时、费力、均等缺点。

(4)本配方制得的上光蜡不会出现上光物品表面的返白现象和喷嘴堵塞现象。

（5）本配方制得的上光蜡,价格低廉,比同类产品价格低20%以上。

（6）本上光蜡制备工艺简单,使用安全,无环境污染。

实例6　多用途汽车清洗覆膜高光保养剂

【原料配比】

原　　料	配比（质量份）
地蜡	2~4
褐煤蜡	3~6
松节油	4~8
十八烷基三甲基氯化铵	8~16
水溶性香精	0.2
甲基含氢硅油	3~6
去离子水	加至100

【制备方法】　在启动不锈钢加层反应釜升温系统前,加入30%的去离子水,待水温升至约80℃时,启动约60r/min的搅拌锚,加入十八烷基三甲基氯化铵,待其完全溶于水中的同时将温度继续升至90℃,加入地蜡、褐煤蜡,待两蜡完全溶解后停止加温,同时加入松节油、甲基含氢硅油,并保温搅拌反应约30min,使其充分溶解和浮化后,加入剩余的去离子水和香精至最终产品的94%~97%后冷却至常温,再检查质量等待包装。

【产品应用】　本品主要应用于汽车、地板、家具、皮具、玻璃等清洗保养。

【使用方法】　对脏污严重的车身,首先用清水将车身表面的污泥和脏物简单擦洗掉,然后视其用法在容器中加入约本品2~20倍的清水,将浸有本品原料的纤维体或海绵体,连同瓶装或袋装的甲基含氢硅油原液,一同放入清水中,充分挤压混合,即可用其纤维体或海绵体对汽车、地板、家具、皮具、玻璃等进行涂抹或擦洗,最后再用干爽洁净的柔软纤维织物对其整体进行擦拭,即可光亮如新,对脏污较轻的车身,可免去清水冲洗,直接用本品的水合液进行清洗后擦干,即可在汽车油漆表面形成有机光膜。

【产品特性】 本品原材料易购、生产设备投入少、生产工艺流程简便,包装方式特殊,产品性能和用途广泛,使用安全、体现环保、成本较低。

实例7 发动机保养剂

【原料配比】

原 料	配比(质量份)		
	1#	2#	3#
丁醇	8.5	10	15
丁基溶纤剂	8.5	10	15
煤油	8.5	10	25
氨水(25%)	5	20	25
四氢呋喃	4	6	10
甲酚	0.5	1	1.5
尿素	0.5	1	1.5
油酸	8	20	25
乙醇胺	5	10	10
10#润滑油	3	5	5
OP 乳化剂	0.2	1	1.5
2070#聚醚	0.2	1	1.5
聚氧乙烯脂肪醚硫酸钠	0.2	1	1.5
OP-10#聚氧乙烯辛烷基酚醚	0.2	3	4.5
十二烷基二乙醇酰胺	0.2	1	1.5

【制备方法】 将各原料按顺序加入耐腐蚀容器内(如不锈蚀反应釜),不间断地均匀搅拌,待尿素完全溶解后(配 1kg 本品需时

20min），即制得本品液体成品。

【注意事项】 所述丁醇,可采用乙醚、丙酮、香蕉水和异丙醇、乙二醇、乙醇、甲醇等醇类可燃有机溶剂中的任何一种替代。

所述丁基溶纤剂,可采用甲基、乙基、丙基溶纤剂替代。

所述煤油可用洗油、溶剂汽油替代。

所述四氢呋喃可用丁醇及乙醚、丙酮、香蕉水和异丙醇、乙二醇、乙醇、甲醇等醇类可燃有机溶剂中的任何一种替代。

所述油酸可用月桂酸、椰油酸等高级脂肪酸替代。

所述乙醇胺可用二乙醇胺、三乙醇胺,异丙醇胺等有机类强碱替代。

所述聚醚也采用2040#。

所述聚氧乙烷辛烷基酚醚也可用OP-7#。

【产品应用】 本品主要应用于保养燃料系统和保养润滑系统。

【使用方法】 保养燃料系统时,在机动车添加燃料时,加入燃料体积1%~2%的本品,可在中速行驶4h后(约200公里)清除油路、化油器、气缸、活塞、活塞环、火花寒、气门(喷油嘴)内的所有污垢,并对油箱、排气管等起到防腐保护作用。保养润滑系统时,将润滑箱内的废机油排出,然后加标称油体积的5%~10%的本品和80%的煤油,用怠速运行1~2h后排出,即能清除润滑系统内所存杂质、污垢,排出的煤油沉清后,可在下次保养时继续与本品混合使用。

【产品特性】 本品具有整机保养的特点,其使用效果显著,保养各类各种发动机方便、省时、价廉、安全可靠,减少机件磨损,能保持发动机的最佳传动状态,延长发动机使用寿命,使燃料完全燃烧,减少废气排放。

实例8　发动机除炭保护剂
【原料配比】

原　　料	配比（质量份）
油酸	5

原 料	配比 (质量份)
异丙醇	5
乳化剂	1.5
氨水	2.5
一乙醇胺	2
乙二醇单丁醚	4
90#汽油	80

【制备方法】

(1)首先将油酸溶于异丙醇中,然后加入乳化剂,搅拌得均匀溶液。

(2)向上述混合液中加入氨水,搅拌均匀,然后再加入一乙醇胺,搅拌均匀,最后加入乙二醇单丁醚,搅拌均匀,得到棕黄色透明母液。

(3)向母液中加入汽油搅拌得到黄色透明液体,即为合格产品。

【产品应用】 本品主要应用于发动机的保护。

【产品特性】 本品由渗透分散剂和溶解稀释剂等主要原料组成发动机除炭保护剂,可使汽车发动机在工作过程中免拆机件进行清洗,能有效清除发动机内部的胶质油垢和积炭,降低维修费用,减少油耗,恢复发动机的功率,消除燃烧不完全对环境造成的污染,该剂在消除急速不稳,加速不灵和低速启动困难等方面有显著的作用。

实例 9 发动机抗磨保护剂

【原料配比】

原 料	配比 (质量份)
润滑油	70
氯化石蜡	12.5
亚磷酸二丁酯	5.25

原 料	配比(质量份)
硫化油	5.25
烯基丁二酸	3.5
石油磺酸钙	3.5

【制备方法】

(1)首先将氯化石蜡溶解在定量的润滑油中均匀搅拌30min,即得A液。

(2)然后将亚酸磷二丁酯、硫化油、烯基丁二酸和石油磺酸钙在小罐中混合,搅拌10min,即得B液。

(3)最后将B液加入反应釜A中均匀搅拌2h,即得合格产品。

【产品应用】 本品主要应用于保护发动机。

【产品特性】 本品可以在摩擦表面形成能承受高温高压的牢固的润滑保护膜,摩擦系数小,极压性能高。由于添加了防腐剂,可以防止极压抗磨剂分散产物的腐蚀作用。经现场实际应用表明;使用该剂可降低燃油和机油的消耗,降低气缸磨损,提高气缸密封性,延长车辆大修期,改善启动性和加速性,降低噪声,消除黑烟排放。

在发动机的机油中添加该保护剂,能在摩擦表面形成一层膜,这层膜降低了摩擦,防止金属的直接接触,从而减少了擦伤磨损。

实例10 轮胎长效止漏保护剂

【原料配比】

原 料	配比(质量份)		
	1#	2#	3#
适用的车型	卡车 (有内胎)	轿车及重型 摩托车 (无内胎)	助动车及 自行车 (有内胎)

原　　料	配比（质量份）		
	1#	2#	3#
饮用水	55	—	60
蒸馏水	—	57	—
防冻防锈液	32	34.5	32
抗老化剂 AH	1	—	1
抗老化剂 RD	—	1.35	—
稳定剂硬脂酸钡	2	—	1.3
稳定剂二月桂酸二丁基锡	—	1.85	—
增稠剂羧甲基纤维素	3.2	—	—
增稠剂明胶	—	2.25	—
增稠剂聚乙烯醇	—	—	1.15
木棉纤维	1.75	2	2.5
蚕丝纤维	0.5	0.35	0.75
桉树纸纤维	0.35	0.5	0.3
废旧橡胶粒	4.2	—	—
天然橡胶粒	—	0.2	1

　　【制备方法】　将各组分加入混合罐中,搅拌混合均匀即可。

　　【注意事项】　本品所述的水为普通饮用水,也可为蒸馏水。所述防冻防锈液为市售的美国 GCL 防冻液、美国加德士防冻防锈液、法国埃尔夫防冻液、英国加士多防冻液、北京产霸王牌防冻防锈液中的一种。也可为其他具有同样性能的防冻防锈液,其配方量可根据车辆行驶区域的气温条件进行选择,在高寒区配方量可偏向高限值,在低寒氏配方量可偏向低限值,而且还可根据市售不同防冻防锈液产品本身提供防冻指标调配其配方量。

所述天然纤维为木棉纤维、蚕丝纤维、桉树纸纤维中的一种、两种或三种的混合物，最好是三种纤维的混合物，三者在产品中所占百分比为：木棉纤维 1.5~3.5、蚕丝纤维 0.5~0.75、桉树纸纤维 0.3~1.2，并可根据不同车辆的轮胎在上述范围内调配。

所述橡胶粒为天然橡胶粒、废旧橡胶粒中的一种，可根据轮胎品种确定。

所述抗老化剂、稳定剂和增稠剂，可采用公知的轮胎自动止漏剂的相应品种，其中的抗老化剂可采用例如，防老剂 AH、防老剂 RD、防老剂 124、防老剂 BLE、防老剂甲等中的一种。

所述稳定剂可选用：二月桂酸二丁基锡、三盐基马来酸铅、硬脂酸盐类等中的一种。

所述增稠剂可选用：纤维素、明胶、聚乙烯醇等中的一种。

【产品应用】 本品主要应用于防止轮胎钢制圈的锈蚀、较低质量的轮胎及在路面不平的道路上行驶的车辆轮胎。

【使用方法】 本品的使用方法十分简单，将汽车轮胎的气门芯拧下，从气门加入规定量的本品，拧上气门芯，给轮胎充足气即可。在使用过程中，如有本品沾在皮肤上，应及时用水清洗，如有本品溅入眼睛内，先用水清洗 3min，再请医生检查处理。

【产品特性】

(1)本品的轮胎长效止漏保护剂采用天然纤维作为填料，比采用石棉纤维，具有无公害的特点，三种天然纤维具有不同特性：木棉纤维属于直纤维，长度约 0.5~2cm，而且长短和粗细不等；蚕丝纤维是一种弯曲的动物纤维，剪切后长度为 0.5~2.5cm；桉树低纤维是指利用产自澳大利亚的桉树为原料制作的纸，经过粉碎形成纤维长短不一曲直不一的纸浆，其纤维长度为 0.5~0.8cm，纤维细度为 0.01~0.015mm，而且这种桉树纸纤维不易腐烂，在水中性能稳定。与合成纤维相比，不仅无公害，而且其天然纤维的某些特性至今仍是合成纤维无法比拟的。这三种不同特性的天然纤维经过离心搅拌机的高速搅拌，形成混合均匀的纤维，因此，较采用单一品种的纤维大大提高堵漏效果。由于本品中还配有适量橡胶类颗粒(直径 0.2~0.8mm)状填料，与纤维状填料适当搭配,使得本品不仅在不同车型的轮胎上均能适用,而且车辆在路况较差的地区行驶时,仍能有良好的堵漏效果。

（2）本品中作为基料之一的防冻防锈液,具有公知技术中基料的作用外,在本品中还具有下述三个作用:其一是使本品凝固点在-20～-36℃,可在不同气温下使用;其二是使本品特别适用于防止轮胎钢制圈锈蚀,实测结果表明,在相同条件下分别用美国产的轮胎宝和胎盾及本品浸泡钢圈,只有用本品的钢圈不生锈,而其余两者均有不同程度的锈蚀;其三是对轮胎有保护作用。这是因为这些防冻防锈液导热效果好,在轮胎内部形成均匀的一层,轮胎内部的热量,通过它可以迅速直接传导到钢圈表面从而被车轮两侧的高速气流带走。

（3）本品与国外同类产品相比,堵漏快捷,堵漏时效长。且无易燃性、可燃性、引燃性、爆炸性均无,也无致癌性。

实例11　漆面釉
【原料配比】

原　　　料	配比（质量份）
环氧树脂 E51	100
固化剂	30
邻苯二甲酸二丁酯	15
丙酮	85
珍珠粉	1

【制备方法】

（1）溶胶:将 E51 倒入烧杯中,置于热水水浴中以降低其黏度,增大流动性（水浴水温控制在 50～60℃）,应注意不要使水蒸气凝结在 E51 中。

（2）增塑:E51 完全溶解成液体后,加入邻苯二甲酸二丁酯和丙酮,用玻璃棒搅拌,将温度降低。

（3）填料:配制漆面釉所用的珍珠粉在加入配好的液体之前应于

110℃时烘干 2h,以除去水分所吸附的气体,避免为汽车上釉时出现气泡。

(4)混合:待填料冷却到 50℃时缓缓加入珍珠粉,边加边搅拌,不留死角。

(5)包括:配好的漆面釉呈无色透明液体(备显闪光白色),可以装入塑料中密封保存。

【注意事项】　本漆面釉由环氧树脂、固化剂、邻苯二甲酸二丁酯、丙酮和珍珠粉构成;环氧树脂是分子结构中含有 2 个或 2 个以上的环氧基团的高分子化合物的总称,为黏合剂,漆面釉主要选用 E51、E44,其具有不因受热、光氧的影响而起化学反应;固化剂可促使环氧树脂在使用中固化,其用量应准确,用量太少固化不安全;而用量多则胶层脆性增大,漆面釉主要选用 105 固化剂;邻苯二甲酸二丁酯为增塑剂,可以增加环氧树脂的韧性;丙酮为稀释剂,用于环氧树脂的稀释,提高浸润性,利于混合均匀,喷涂操作,并可延长适用期;珍珠粉用于改善环氧树脂的物理力学性能,提高纯度,使之耐水、耐热,并降低成本。

【产品应用】　本品主要应用于汽车美容。

汽车漆面釉美容方法为:整车清洗,柏油、飞漆、油污处理,尘粒、橙皮、酸雨处理,黏土去氧化层,漆面、粗研,漆面、中研,漆面、细研,深划痕性速修复,漆面抛光处理,麂皮增艳处理,以上均使用漆面釉前对汽车的清洗等准备工作;漆面抗氧化保护处理,漆面釉处理,镜面还原处理,此三个过程为对漆面的上釉处理,该过程所用药剂及工具为:本品所提供的漆面釉、喷枪及抛光机,直接用喷枪喷涂在车身漆面上或用振抛机均匀抛在漆表面,以形成镜面硬化保护膜,保护车身光亮,增强车漆面硬度,防飞沙划伤,耐高温耐强酸抗辐射;原理为:利用高分子材料与漆产生化学作用整合于漆面。因此通过此过程可以长时间保持汽车表面光泽,并且具有耐高温、耐酸碱、耐紫外线照射和防静电效果;钢圈、轮胎、保险杠美容,车室蒸汽杀菌除臭处理,室内细部小美容,引擎美容,加保护汽缸添加剂,此后续五个处理为汽车漆面釉汽车美容的配套美容处理。

【产品特性】　本品用于汽车美容后可长时间保持光泽,并且具有耐高温、耐酸碱、耐紫外线照射和防静电效果。

实例12　汽车保养剂

【原料配比】

原　　料	配比（质量份）	
	1#	2#
甲基硅油	74	80
聚乙烯吡咯烷酮/醋酸乙烯	15	18
氯羟基尿囊络合物	1	1.5
十八醇	10	0.5

【制备方法】　首先将甲基硅油、聚乙烯吡咯烷酮/醋酸乙烯、氯羟基尿囊络合物和十八醇先后加入反应釜中去，在53℃温度下混合，在常压下搅拌30min，即可，然后进行罐装。

【产品应用】　本品主要应用于洗车保养。

【产品特性】　本品光滑度极高，使污垢不易黏附在车体表层，只需在清洗后的车体表面均匀喷洒该产品后经反复擦拭即可，光亮如新，而且可保持1~6个月不用水洗，仍然光耀亮丽。期间如有污迹时，只需用干布擦净，便可恢复到原来的光洁程度。省水、省时、省力、省钱。环保程度高，有较强的市场竞争力。

实例13　汽车玻璃用耐高温无铅防粘黑釉

【原料配比】

1. 载体的配制

原　　料	配比（质量份）		
	1#	2#	3#
乙基纤维素树脂	2	—	—
松香	—	6	—

原　　料	配比（质量份）		
	1#	2#	3#
二乙二醇单丁醚溶剂	—	12	—
醇酸树脂	—	—	5
蓖麻油溶剂	—	—	18
松油醇溶剂	17	—	—

2. 釉浆的配制

原　　料	配比（质量份）		
	1#	2#	3#
无铅镉玻璃粉（粒径 5μm，软化点在 580℃）	60	—	—
无铅镉玻璃粉（粒径 8μm，软化点在 630℃）	—	54	—
无铅镉玻璃粉（粒径 3μm，软化点在 700℃）	—	—	40
超细无铅镉无机黑色陶瓷色素（细度 1μm）	20	—	—
超细无铅镉无机黑色陶瓷色素（细度 0.5μm）	—	26	—
超细无铅镉无机黑色陶瓷色素（细度 1.5μm）	—	—	35
防黏剂滑石粉	1	—	2
防黏剂锌粉	—	2	—

【制备方法】

(1)载体的配制:首先将原料混合,然后将混合液加热至80℃并恒温,直至树脂恒温溶解至黏度在5000~1500mPa·s,再将树脂在300目的网布上过滤除杂,即得到载体。

(2)釉浆的配制:将无铅镉玻璃粉、黑色陶瓷色素、防黏剂与步骤(1)配制好的载体在混料机中充分混合,再使用高速分散机高速分散,得到均匀的浆体。

(3)釉料的生产:将步骤(2)中得到的浆体在三辊轧机中进行研磨,通过间距的调整达到釉浆的细度在10μm以下、黏度20~30Pa·s,制得汽车玻璃用耐高温无铅防黏黑釉。

【注意事项】 本品选用玻璃粉为无铅镉玻璃粉,该玻璃粉的颗粒粒径为1~10μm,玻璃粉软化点在400~900℃。无机色素是耐800℃以上高温、细度0.3~2μm的超细黑色陶瓷色素。

【产品应用】 本品主要应用于各类汽车玻璃的制备与处理,代替进口产品,也可作微波炉、烤箱等内装饰印刷应用。

【产品特性】 本品可以提供防黏性极佳的无铅环保黑釉,同时提高黑釉对导电银浆线路有很好的遮蔽能力以及有极佳的着色能力,透过玻璃从外观看确保黑釉烧成后有足够的黑度。

实例14 汽车发动机水箱保护剂

【原料配比】

原　　　料	配比(质量份)
硅酸钠	28
硼砂	35
磷酸钠	15
磷酸氢二钠	12
碳酸钠	10

【制备方法】 将各原料加入混合罐中,搅拌混合均匀即可。

【产品应用】　本品主要应用于各种水冷式循环系统。

【使用方法】　使用时,先排尽水箱内的脏水,注入清水,按水溶液浓度为1.5%~1.8%计算加入量,并按量直接将本品倒入加入口,一年用1~2次,即可免除水箱结垢、生锈、高温"开锅"的烦恼。若水箱水道内水垢、锈垢严重、水温极高时,先用本品150g加入水箱中运行48h,随机排放掉,重新加入清水,再按量添加本品,即可保证水箱正常使用。

【产品特性】　本品为固体粉状,易溶于水和防冻液,且具有清洗、防锈、阻垢和降温作用。

实例15　环保型无水洗车覆膜护理剂

【原料配比】

原　　料		配比(质量份)
去污清洗剂	月桂醇聚氧乙烯醚	3.5
	脂肪酸烷醇胺(椰子油酸二乙醇酰胺)	2
	聚乙二醇(6000)双月桂酸脂	1.2
	脂肪酸聚氧乙烯醚	0.5
清洗助剂	乙二胺四乙酸(EDTA)	0.02
	羧甲基纤维素(CMC)	0.01
覆膜助剂	甲基含氢硅油	2
	乙基含氢硅油	1.5
漆膜护理剂	丙三醇	22
污泥松动剂	N-甲基-2-吡咯烷酮	2.5
	N-羧乙基吡咯烷酮	1.5
杀菌防腐剂	烷基酰胺丙基甜菜碱	2.5
触觉剂	亮蓝	0.01
	玫瑰香精	0.02

【制备方法】 将水加入搅拌罐中,加热到40℃左右,首先将清洗助剂加入其中搅拌让其完全溶解,然后依次加入去污清洗剂、覆膜剂、漆膜护理剂、污泥松动剂、杀菌防腐剂、触觉剂等并不断搅拌,使其全部溶解,待全部溶解后,冷却至常温,调节pH值至5~8。

【产品应用】 本品主要应用于车辆护理。

【使用方法】 一般的有水洗车要用喷枪(水枪)或泡机喷洒洗涤剂,或用电动砂轮抛光,它们都需要用电,用本品洗车可以不用设备,无须任何电能,只需用浇花用的手动喷壶或喷瓶或农用喷雾器,即可将洗液雾状喷在被除洗物表面,数分钟后,先用橡胶板将污泥沿同一方向刮下后,再用干净的抹布擦净、抛光即可。

【产品特性】

(1)本品不使用难以生物降解的烷基酚聚氧乙烯醚类表面活性剂,选用可生物降解原料,无污染环境。

(2)本品去污性能优良,喷涂于汽车车体外壳,即可发挥其优良的润湿、渗透、发泡、松动、溶解作用而将污垢有效去除。

(3)本品覆膜性好、覆膜稳定、持久、光亮,疏水性优良。

(4)本品既有洗净去污功能,又具有上光效果,不仅适用于车体外壳,同样适用于皮革、塑料、金属、木板、地砖等硬质物体表面的去污,是一种多功能去污覆膜上光护理剂,操作省力、省时。

(5)本品不含蜡质或油类材料及研磨剂等,不含损伤漆膜、橡胶和塑料、金属等,可以延长橡胶塑料使用寿命、防止龟裂、老化、溶胀等。

(6)本品含有污泥抗再沉积剂,使洗涤后的污垢易于清除,不易重新沉积于物体表面。

(7)本品含有金属整合剂,可以络合污垢中的重金属,使污垢易于更易去除,同时增强表面抗氧化能力。

(8)本品含有优良的污泥松动剂,使得污泥更易松动、溶解而离开基体,使护理更加容易,物体表面更加美观。

(9)生产原料均为市售材料,易购,生产工艺简单,易投资。生产和使用均不用金属气雾罐,节约金属资源。储存、运输安全,节省包装费用。

实例16 机动车外壳增效复光液

【原料配比】

原 料	配比(质量份)
巴西棕榈蜡	5
脂肪醇聚氧乙烯醚	1.5
十八烷醇聚氧乙烯醚	1
十二烷基硫酸钠	0.5
白油	1
煤渣	0.2

【制备方法】 将煤渣粉碎,过100目筛,然后将化工原料经加温搅拌、乳化、降温、冷却等特殊工艺合成后装瓶即得本品。

【产品应用】 本品主要应用于机动车外壳的去污上光。

【产品特性】 本品经特殊工艺精制成机动车外壳增效复光液,将去污、增效、复光三合为一,一次完成,使用方便,效果明显。

实例17 喷雾型汽车清洁光亮软蜡

【原料配比】

原 料	配比(质量份)
煤油	25
季铵盐表面活性剂十六烷基三甲基氯化铵	0.2
有机硅树脂混合物(超大分子有机硅树脂0.5和超小分子有机硅树脂1.5,加热至80℃互溶混合)	2
聚乙烯树脂	4
有机氟硅树脂	2
溶剂油200号	60.8
白炭黑	5
柠檬香精	1

【制备方法】 有不锈钢搅拌锅中先加入煤油,加热升温搅拌,再加入季铵盐表面活性剂十六烷基三甲基氯化铵,再将预先混合好的有机硅树脂混合物,加热至 90℃ 时,慢慢加入聚乙烯树脂,搅拌溶解后,再加入有机氟硅树脂,搅拌溶解,降温至 80℃,再加入溶剂油,同时加入白炭黑,搅拌均匀,再搅拌降温至 50℃ 时,加入柠檬香精,搅拌 10min 后,保持温度 50℃,即可放料灌装。

【产品应用】 本品主要应用于汽车清洗上蜡。

【产品特性】 本品由于采用特殊的高分子树脂组成物和合适的配比,喷雾使用后,在清洗后的汽车上形成固体的涂膜,使之不易粘灰吸尘,克服了常用上光蜡熔点低和常用上光蜡中使用的溶液硅油带来的易粘灰吸尘的缺点。本品对汽车漆膜的表面有很好的清洁和光亮效果与市售进口上光软蜡相当外,在增强、增艳保护汽车漆膜的效果和提高汽车漆膜的抗尘、防污和泼水的效果上都已超过市售进口上光软蜡。

实例18 皮革防护保养高级涂饰品

【原料配比】

原 料	配比(质量份)
酒精	30
丙烯酸酯	60
丙烯酸	1.6
醋酸乙烯酯	2.2
蒸馏水	156
十二烷基磺酸钠	0.2
改性聚乙烯醇	5.4
矿物油	0.4
香精	适量

【制备方法】 先将蒸馏水、酒精、丙烯酸酯、丙烯酸、醋酸乙烯酯搅拌均匀,乳化 40min,然后升温至 78℃ 加入除香精以外的原料,搅拌

均匀再加入香料,静置后即为成品。

【产品应用】　本品主要应用于皮革表面涂饰。

【产品特性】　本品和现有产品相比,具有一喷即亮、不擦抹、防水性强,防尘、防霉抗静电、无毒害、无腐蚀、耐磨,成本低廉等优点。

实例19　汽车干洗护理液

【原料配比】

原　　料	配比(质量份)
晶体蜡	25
悬浮剂 P301	5
活性剂	10
去污剂三乙醇胺	10
调节剂 AET-1	15
调节剂 AET-2	15
抗紫外线剂 F301	2
净水	18

【制备方法】

(1)复配乳化:将各原料混合后进行高速乳化,压力在 0.8 ~ 1MPa,温度控制在 80 ~ 90℃,转速在 3000 ~ 5000r/min,乳化时间在 0.5h 左右。

(2)调节处理,根据气候温湿度的变化要求进行调节剂调和处理,去除蜡液黏度颗粒。

(3)对成分进行采样检测,罐装成品。

【产品应用】　本品主要应用于汽车护理。

【产品特性】　本品结构新颖,既可对车身清洗又可对玻璃、轮胎、皮塑清洗,给车辆保养带来方便,成本降低,工效提高 20% ~ 30%,此外,本品制备工艺简单,成本低,实用性强,值得推广和应用。

实例20　气雾剂型去污上光保护剂

【原料配比】

原　料		配比(质量份)		
		1#	2#	3#
溶液	汽油	89.88	91.9	93.92
	聚丁二烯橡胶	10	—	—
	SBS	—	8	—
	异戊橡胶(CIR)	—	—	6
	对苯二酚	0.12	0.1	0.08
气雾剂型去污上光保护剂	溶液	3	4	6
	汽油	87	86.8	86.6
	抗静电剂 Atlas G1086	0.8	—	1.2
	聚二甲基硅氧烷	9	8	6
	香精	0.2	0.2	0.2
	吐温-85	—	1	—
	$C_3 \sim C_4$饱和烷烃	适量	适量	适量

【制备方法】

(1)溶液的制备方法:于溶剂汽油中加入聚丁二烯橡胶、SBS、对苯二酚,搅拌溶解后备用。

(2)向汽油中加入溶液,混合均匀后,激烈搅拌下缓慢加入抗静电剂 Atlas G1086、聚二甲基硅氧烷、吐温-85、香精,混合均匀后以 $C_3 \sim C_4$饱和烷烃为抛射剂装罐。

【注意事项】　本品中 6%~10%高分子材料溶液为以汽油为溶剂,含 6%~10%高分子材料及含有占高分子材料质量 1.2%的对苯二酚,所述高分子材料为聚丁二烯橡胶(PB)或异戊橡胶(CIR)或苯乙烯-丁二烯-苯乙烯嵌段共聚物(SBS)。抗静电剂为聚氧乙烯山梨醇六油酸酯(Atlas G1086)或火山梨醇三油酸酯聚氧乙烯醚(吐温85)。

　　本品通过添加特殊的具有弹性、韧性及成膜性的高分子材料,如聚丁二烯橡胶(PB)、异戊橡胶(CIR)或苯乙烯-丁二烯-苯乙烯嵌段共聚物(SBS)及抗氧剂,克服了聚二甲基硅氧烷仅具上光、隔离作用,对材料表面物理保护作用极小的缺点,喷涂去污后的材料表面经擦拭,不仅能形成一层光亮的有机硅树脂膜,还能形成一层具韧性和弹性的高分子保护层,光亮度不降低,并且对材料表面微小的损伤及擦痕有填平、修补作用。添加了本品所指的高分子材料后,可在组成中去除石蜡组分,克服了石蜡遇水出现白浊化的问题。达到了去污、上光、保护一次完成的目的。

　　【产品应用】　本品主要应用于车辆、皮革、家具、家用电器、电镀件及金属等材料表面去污、上光、保护。

　　【产品特性】　经本品喷涂去污后的材料表面不仅能形成一层光亮的有机硅树脂膜,还能形成一层具韧性和弹性的高分子保护层,并对材料表面微小损伤及擦痕有填平、修补作用,达到去污、上光、保护一次完成的目的。

实例21　去污上光蜡膏

【原料配比】

原　　料	配比(质量份)		
	1#	2#	3#
低熔点石蜡	15	25	35
硬脂酸锌	5	8	15
硼砂	1	3	5
月桂酸二乙醇胺	1	3	5
水	50	65	80

　　【制备方法】　将低熔点石蜡、硬脂酸锌、硼砂置于反应锅内,反应锅带有夹套,夹套内通有热水加热,使石蜡熔融,然后启动搅拌器,将事先按上述配方溶于水的月桂酸二乙醇胺溶液向反应锅内滴加,同时

控制温度在(75±5)℃,滴加完后冷却降至室温,并不断搅拌,最后制得雪花膏状的蜡膏。

【产品应用】 本品主要应用于高级轿车、摩托车、家具、桌面等上光。

【产品特性】 将去污上光蜡膏用于地面,经 $600m^2$ 水磨石大厅地面试用,可将原地板蜡斑迹清除,蜡膏同地板上光蜡及液态上光剂相比涂抹更容易,且无蜡状斑迹形成,亮度比地板上光蜡亮,涂抹后持续时间长,可持续半个月,而原地板上光蜡仅能持续 3~5 天,另外使用该蜡膏上光的地面具有较强的斥尘性,且容易清理,地面光亮但不打滑,将去污上光蜡膏用于高级轿车、摩托车表面,光亮且具有很强的斥尘性,用软布很容易将灰尘去掉,光亮度反而增高,将去污上光蜡膏用于家具表面,可将桌面的油渍、水渍全清洗掉,所用抹布用自来水很容易清洗干净。

本品还具有无毒、无异味、无污染、阻燃及成本低的优点,并且制造工艺过程中无废物、无污染。

实例22 去污上光无臭蜡

【原料配比】

原　　料	配比(质量份)									
	1#	2#	3#	4#	5#	6#	7#	8#	9#	10#
白蜡	12	8	14	8	8	6	6	8	6	6
白虫蜡	12	4	6	8	7	8	6	8	8	4
米糠蜡	6	6	8	8	7	6	4	8	8	4
白油	8	2	10	14	15	7	18	10	14	19
松节油(一级)	25	1	22	18	15	3	9	3	20	7
高级醇酯	2	6	8	8	9	10	12	12	16	16
蒸馏水或去离子水	34	70	30	33	35	58	40.7	48	24	39
二氧化钛(C.P.)	0.2	2.5	1.5	2.5	3.3	1.5	4.2	2.5	3.2	4.5
香精或香料	0.8	0.5	0.5	0.5	0.7	0.5	0.1	0.5	0.8	0.5

【制备方法】 在不锈钢开水器内加入去离子水,加热至95℃,在另一反应锅内加入高级醇脂、白蜡、白虫蜡、米糠蜡、白油,加热搅拌达95℃时,熔化成蜡液。然后将热去离子水慢慢加入熔化的蜡液中并不断搅拌,再加入 C 二氧化钛,待温度下降到50℃以下,加入松节油,松节油选用甲级,加入香精或香料,最后将温度控制在(45±2)℃时进行定量分装,即得本品。

【注意事项】 高熔点蜡是熔点范围在 50～86℃的动物蜡(白蜡)、米糠蜡、矿物蜡(石蜡),白油为 12～26 号。高级醇酯的碳数为 C_{16}～C_{26}。高级醇酯是 C_{16}、C_{18}、C_{20}、C_{22}、C_{24}、C_{26}饱和脂肪酸与其相应碳数的饱和脂肪醇所构成的酯,可以采用上述碳数范围中某一碳数的高级醇酯,也可采用几个不同碳数的高级醇酯的混合物,在上述碳数范围的高级醇酯中以二十六烷酸与二十六烷醇所构成的二十六酸二十六酯为最好,其分子式为 $C_{25}H_{51}COOC_{26}H_{53}$。

【产品应用】 本品主要应用于汽车、自行车等去污上光。

【产品特性】

(1)它将对物品的去污和上光合二为一。

(2)蜡质含量高,蜡膜软硬适中,能有效地黏附在上光物体的表面,使物体长时间地光亮如新。在现有技术中所谓的高熔点蜡只采用矿物蜡中的石蜡,而本品采用白虫蜡、米糠蜡、石蜡三者配比,使之软硬黏滑共济,构成一种新的上光组分。

(3)选用新的溶剂组分,启用后不易干燥,无论严寒酷暑,质量稳定易保存,对物品具有防水、防锈、防霉、防蛀又不吸尘的效果。

(4)使用省力、省时,不伤皮肤,无毒、无刺激性异味,具芳香性,保护环境。

实例23 乳液复合型汽车清洁保养蜡

【原料配比】

原　料	配比(质量份)
川蜡	5～20

原　　料	配比(质量份)
加洛巴蜡	3~8
蜂蜡	2~10
石蜡	5~10
特种清洁粉	3~5
Na_2CO_3	1~2
异丙醇	10~25
乙烯基吡咯烷酮聚合物	2~15
聚二甲基硅氧烷	0.1~3
甲基纤维素	1~3
BHT	0.1~0.5
紫外线吸收剂 2-羟基-4-甲氧基二苯甲酮	0.1~0.5
油酸三乙醇胺	2~10
C_{12}~C_{22}烷基苄基二羟乙基氯化铵	1~5
香精	0.01~1
水	50~100

【制备方法】　将各原料加入高剪切混合乳化釜,加料工序为先加入液体部分并供热,然后加入乳化剂及其他微量组分,加热至70~80℃,最后加入固体物质,直至固体物安全浸湿并溶解于液体组分中乳化完全结束运行。

【产品应用】　本品主要应用于汽车表面的一次清洁、上蜡保养。

【使用方法】　产品为白色乳液状,使用时可直接使用,可以1:(5~500)的比例溶于普通清水中,清洗后用软布揉擦干净。

【产品特性】　本品改溶型汽车蜡为水乳型汽车蜡,不仅节省了能源、改善了溶剂型蜡存在的污染环境的弊病,并保留了汽车蜡的所有优点,并且加入了高清洗力的成分,合清洗上蜡一次性完成,还具有防

晒、防静电、芳香清爽的特点,使汽车的清洗、上蜡工作变得轻松愉快,
方便简捷,效果优秀。

本品制得的乳液蜡细腻柔软光泽好、综合性能高、乳化稳定,经受
耐热耐寒长时间储存考验,不结晶、不出水。使用时能在较大范围内
用水稀释,去污力强、油污残蜡迅速溶解脱落,揩擦后蜡膜透明、匀净
滑爽,有一定硬度、抗水性好,而且揩擦方便不费力,经日晒雨淋光泽
仍能维持较长时间,用后留香。本品工艺简单、易于生产。

实例24 上光蜡

【原料配比】

原 料	配比(质量份)			
	1#	2#	3#	4#
硅油	3.5	8	5	3.5
凡士林	0.3	5	3	0.3
聚乙烯	5	8	7.5	1.5
褐煤蜡	0.2	0.5	0.1	0.2
香豆酮-茚树脂	4.5	0.2	1	1.2
巴西棕榈蜡	0.6	0.2	0.8	0.6
C_{12}脂肪醇聚氧乙烯醚	2.8	3	0.5	0.8
椰子油二乙醇酰胺(1:1型)	2.5	—	3.5	—
椰子油二乙醇酰胺(1:2型)	—	4.5	—	2.2
十六烷基三甲基氯化铵	2.5	7.5	—	2.5
十八烷基三甲基氯化铵	—	—	4.5	—
膨润土	3	4.5	2.5	1.5
戊二醛	0.06	0.09	0.1	0.05
水	72.04	53.51	70.5	84.15

【制备方法】 将硅油、凡士林、聚乙烯、褐煤蜡、香豆酮-茚树脂、巴西棕榈蜡、C_{12}脂肪醇聚氧乙烯(n)醚和烷基醇酰胺加入酯化用油浴套锅中,加热至各原料熔化、酯化,然后过滤,过滤后滤液置于乳化用油浴套锅中,乳化用油浴套锅中的滤液的温度保持在 98~102℃,在搅拌的情况下,向滤液中加入温度为 95~100℃的水,加水过程所用的时间为 10~30s;然后使乳化用油浴套锅降温到 48~52℃,向乳化用油浴套锅中加入已吸水的膨润土浆,搅拌均匀,所用膨润土浆中膨润土的质量分数为 20%;然后向乳化用油浴套锅中加入浓度为 20%的十八烷基三甲基氯化铵水溶液或十八烷基三甲基氯化铵水溶液;接着向乳化用油浴套锅中加水,使乳化用油浴套锅中物料总质量为 100 份,然后升温至 90~95℃,搅拌均匀,再降温到 50~60℃,向乳化用油浴套锅中滴入戊二醛,然后向乳化用油浴套锅中加入温度为 50~60℃的水,以补偿因加热而挥发的水,使乳化用油浴套锅中物料总质量为 100 份,得到 100 份上光蜡,上光蜡装入罐,冷却后封装。

【注意事项】 所述硅油是润滑剂,使上光蜡易于涂抹,并使形成的保护膜疏水效果好。

所述凡士林使上光蜡形成的保护膜起到防锈、抗紫外线的作用,并使保护膜能发出荧光。

所述聚乙烯是形成保护膜的主材料,并可修补漆面划痕,使保护膜经久耐用。

所述褐煤蜡使上光蜡形成的保护膜光泽好、光滑程度高。

所述香豆酮-茚树脂使上光蜡形成的保护膜光泽好,可使保护膜的折光率达到 1.628~1.64。

所述巴西棕榈蜡用于调节上光蜡的凝固点,能够使上光蜡呈固膏状或糨糊状。

所述 C_{12}脂肪醇聚氧乙烯(n)醚是乳化剂,同时也是去污剂,用于将聚乙烯、褐煤蜡和香豆酮-茚树脂等乳化入水,并且在清洗漆面时去除漆面上的污垢。优选 $n=3~15$。

所述烷基醇酰胺是乳化剂,同时也是去污剂,用于将聚乙烯、褐煤蜡和香豆酮-茚树脂等乳化入水,并且在清行漆面时去除漆面上的污垢。优选烷基醇酰胺是椰子油二乙醇酰胺(1∶1型)或椰子油二乙醇酰胺(1∶2型)。

所述十六烷基三甲基氯化铵、十八烷基三甲基氯化铵是表面活性剂,具有乳化的作用及抗静电的功能,而且使上光蜡形成的保护膜光滑程度增高。

所述膨润土能够对漆面进行抛光;吸水后填充在上光蜡中,能够使上光蜡定型。

所述戊二醛具有防腐、防霉、杀菌的功能,使上光蜡形成的保护膜起到防腐、防霉、杀菌的作用。

本品利用聚乙烯、褐煤蜡和香豆酮-茚树脂可乳化入水的特点,利用 C_{12} 脂肪醇聚氧乙烯(n)醚、烷基醇酰胺、十六烷基三甲基氯化铵、十八烷基三甲基氯化铵等将其乳化入水,形成乳化型上光蜡,由于上光蜡不含有机溶剂,没有易燃或有味、有毒成分,因此,这种上光蜡不会腐蚀漆面或使皮革变性,且使用安全;聚乙烯、褐煤蜡和香豆酮-茚树脂的熔点都在100℃以上,其中香豆酮-茚树脂的折光率达到1.628~1.64,使上光蜡形成的保护膜耐热性能更好,不易老化脆裂,光泽更好,褐煤蜡还可提高保护膜的光滑程度;上光蜡中的凡士林、十六烷基三甲基氯化铵或十八烷基三甲基氯化铵、戊二醛等还使上光蜡形成的保护膜起到防锈、抗紫外线、抗静电、防腐、防霉的作用,黄昏时更觉汽车漆面保护膜荧光闪亮;C_{12} 脂肪醇聚氧乙烯(n)醚和烷基醇酰胺都具有强去污能力,因此这种上光蜡能够去除漆面上的污垢,使漆面保持清洁、光亮。

【产品应用】　本品主要应用于汽车漆面、皮革制品、家具、石板材等表面上光。

【使用方法】　清洁车辆的漆面时,首先清除漆面上的尘土等,然后用本品擦拭漆面,即可清除漆面上的污垢,并形成一层覆盖在漆面上的保护膜。

【产品特性】　本品上光蜡不会腐蚀漆面,使用安全,且能够去除漆面上的污垢,使漆面保持清洁、光亮;它形成的保护膜耐热性能好,不易老化脆裂、光泽好。

实例25　透明液体去污上光蜡

【原料配比】

原　　料	配比（质量份）			
	1#	2#	3#	4#
液体石蜡	40~75	15~40	60	25
二甲硅油	5~20	15~55	6	25
香蕉水	20~55	—	—	—
石油醚	—	30~70	—	50
乙酸乙酯	—	—	23	—
乙醚	—	—	11	—

【制备方法】　将各组分混合均匀即可。

【注意事项】　使用硅油旨在提高上光蜡的光泽度、延展性及爽滑性。所用的硅油可以是甲基硅油、甲基苯基硅油、甲基羟基硅油等。但硅油与本品同时使用的液状石蜡不能互溶，激烈振荡成白色乳液，静置分层。为了获得均匀性良好的上光效果，必须加入促溶剂使之完全互溶。本品可以用的促溶剂很多，可以是酯、酮、醚、烷烃、芳烃、环烷等类溶剂及含氯溶剂如氯仿、二氯乙烷、四氯化碳，还可以用松节油、香蕉水等，一般选用其中沸点较低而又毒性较小的一种或一种以上作为促溶剂。该促溶剂在上光蜡中还兼有清洁物体表面、提高稳定性和降低成本的作用。由于其沸点低很容易挥发，最后留于物体表面的是薄薄一层仅含液状石蜡与硅油两个有效组分的反应光性好而热稳定性高的分子蜡膜。此外，本品上光蜡中还可以加入香精油0~3%，气味令人愉快。

本品上光蜡所用的硅油和液体石蜡可以根据实施对象任意配比，变化范围很大，但硅油用量太少，会影响其爽滑性及光泽度提高，用量太多成本增加，硅油加入液状石蜡的总量与促溶剂的使用量相互制约，因所用的促溶剂和实施对象而有所差异。

【产品应用】　本品主要应用于汽车、自行车等漆面去污上光。

【产品特性】

(1)不含固体组分,研磨剂,使用时无须揉擦,只要用棉纱蘸取少许涂于物体表面就能获得较高的光泽度。

(2)由于含有去污作用的有效成分和促溶剂,使本品上光蜡集去污上光功能于一体,使用前无须事先清洁物体表面,省时、省力。

(3)由于以凝固点低的液体石蜡代替传统使用的固体蜡,使本品上光蜡凝固点低于-15℃,严冬天气不凝固,使用方便。

(4)用量少,每毫升本品上光蜡可涂 0.6m² 以上的物体表面,为一般车蜡用量的 1/10 左右,因而使用成本低廉。

(5)组分少,配制简便、快捷,易于实施。

(6)本品上光蜡的有效组分不溶于水,故具有疏水性起保护作用。本品还可以用于皮革和热固型塑料制品。

实例26 洗车养车油精

【原料配比】

原　　料	配比(质量份)
去离子水	75
乳化硅油	3
三乙醇胺	2.5
油酸	4.5
液体石蜡	15

【制备方法】

(1)先将乳化硅油、三乙醇胺在去离子水中进行均匀快速的搅拌,直到形成充分互溶液体 A。

(2)将油酸倒入液体石蜡中进行均匀快速的搅拌,直到形成充分互溶液体 B。

(3)将上述两种互溶液体 A 和 B 再混合,均匀快速地搅拌,直到充分互溶。

(4)出料、包装,即制成本品。

【产品应用】 本品主要应用于汽车清洗上光。

清洗方法:将本品喷在一块小毛巾上来擦洗一辆满是尘沙的小汽车,其含有的悬浮剂包裹在沙子周围,使得沙子等颗粒物不能直接与车漆接触,尘土都附于毛巾表面,擦洗后去污、打蜡、上光、养护一次性完成,车子表面崭亮如新,漆表面没有划伤或损坏。

【产品特性】

(1)可同时达到去污、打蜡、上光、养护一次性完成的特殊功效。

(2)绿色环保、节约了有限的水资源,为我们生活的城市提供了一个干净的环境。

(3)具有防尘、抗静电的功效。

(4)本品是无毒无害的物质组成,pH 值呈中性,不会对人身造成伤害。

(5)本品的原材料成本低,生产工艺简单,使用方便,省时省力。

实例27 汽车玻璃防雾剂(1)

【原料配比】

原　　料	配比(质量份)
十二烷基硫酸钠	5
烷基磺基琥珀酸钠	3
丙二醇	20
异丙醇	10
乙醇	10
水	加至100

【制备方法】 在塑料桶中加入水和乙醇,再加入十二烷基硫酸钠、烷基磺基琥珀酸钠,充分搅拌,使其完全溶解,再加入丙二醇、异丙醇混合均匀,分装即可。

【产品应用】 本品用于玻璃表面防雾。

【产品特性】 本品由于采用了多元醇作为分散剂以及有机盐类为表面活性剂,制剂的亲水性强,增加了玻璃的表面活性以及亲水性,使水蒸气与之接触后混合成低冰点和混合物,防止结雾。具有防雾效果好、时效长的优点。

实例28 汽车玻璃防雾剂(2)

【原料配比】

原 料	配比(质量份)
甘油	13~15
乙二醇	25~30
二甘醇	25~30
二乙醇胺	8~10
聚乙二醇苯基醚	10~15
乙醇(99.9%)	250~300
水	100

【制备方法】 将各成分按配比混合均匀,即可得到本品。

【产品应用】 本品用作防止汽车挡风玻璃产生雾气的药剂。

【产品特性】 本品能够防止汽车挡风玻璃产生雾气,能使汽车在冬季运行时保持挡风玻璃不会产生雾气,确保汽车驾驶员能够安全驾驶。

实例29 汽车内腔防护蜡

【原料配比】

原 料	配比(质量份)			
	1#	2#	3#	4#
75#石油蜡	6	—	—	8
58#石油蜡	—	10	—	—

原　　料	配比（质量份）			
	1#	2#	3#	4#
80#石油蜡	—	—	7	—
豆油改性醇酸树脂	—	—	—	12
羊毛脂镁皂	—	—	—	9
石油树脂（软化点130℃）	9	—	—	—
聚氯乙烯树脂（软化点123℃）	—	12	—	—
萜烯树脂（软化点90℃）	—	—	9	—
烯基丁二酸	—	—	—	5
邻苯二甲酸二丁酯	7	—	—	—
氧化石油蜡	—	—	6	—
聚异丁烯	—	9	—	—
山梨糖醇酐单油酸酯	2.5	5	3	—
硫酸钡	—	6	—	—
石油磺酸钡	—	—	10	5
碳酸钙	—	—	8	7
滑石粉（325目）	7	—	—	—
二壬基萘磺酸钡	12	7	—	—
烷基苯磺酸钙	—	—	5	—
氢化蓖麻油	—	3	—	—
有机膨润土	4	—	—	4
苯并三氮唑	1	—	—	—
200#溶剂油	51.5	28	52	50
120#溶剂油	—	20	—	—

【制备方法】

(1)将蜡、树脂、蜡膜改进剂、防锈剂与总溶剂量的 2/3~4/5 的溶剂混熔,熔化温度范围在 100~150℃。

(2)填料、触变剂与剩余的溶剂冷混,形成凝胶状。

(3)将步骤(1)(2)所得的产物冷混,并高速分散,制成产品。

【注意事项】　本品所述蜡为熔点在 54~120℃ 的石油蜡或聚乙烯蜡。

所述树脂为油溶性树脂,最适宜用量为 8%~15%(质量分数)。油溶性树脂是石油树脂、萜烯树脂、聚氯乙烯树脂、改性醇酸树脂、叔丁基甲醛树脂、古玛隆树脂、烷基酚氨基树脂中的至少一种。

所述改性醇酸树脂是指松香改性醇酸树脂、油改性醇酸树脂、酚醛树脂改性醇酸树脂、乙烯类单体改性醇酸树脂、有机硅改性醇酸树脂;石油树脂是指由 C_5~C_9 合成的石油树脂,包括脂肪烃石油树脂或芳香烃石油树脂。

所用树脂软化点范围为 80~140℃,优选 110~130℃。

所述蜡膜改进剂为二甲硅油、白油、邻苯二甲酸二丁酯、氯化石蜡、聚异丁烯、羊毛脂、羊毛脂镁皂、羊毛脂铝皂、氧化石油脂,所用聚异丁烯平均分子量范围是 6000~20000,氯化石蜡的氯含量以氯化石蜡的质量为基准在 40%~70%的范围。

所述防锈剂是指石油磺酸钡、二壬基萘磺酸钡、烯基丁二酸、山梨糖醇酐单油酸酯、苯并三氮唑、N,N-月桂胺中的一种或两种。

所述填料为硫酸钡、碳酸钙、滑石粉、微硅粉、立德粉。

所述触变剂为烷基苯磺酸钙、有机膨润土、脂肪酸皂、聚乙烯蜡、氢化蓖麻油、12-羟基蓖麻酸。

所述溶剂为 200# 溶剂油、120# 溶剂油中的一种或两种。

【产品应用】　本品主要应用于汽车内腔的防护。

【产品特性】　本品制备的汽车内腔防护蜡,黏度适宜,具有触变性,在静置时黏度大,不易分层,储存稳定。而在喷涂前轻轻搅动,即可使黏度降低,易于常温喷涂,涂上后黏度增大,不易流挂,容易得到较厚的防护层。干膜的高温时也不熔化流淌。由于形成的膜柔韧致密，与钢板的附着力好，即使在严寒地区或激烈振动时，也不易开裂，具有耐湿热性和耐盐雾性，可保持长期防锈性。

实例30 汽车漆面清洁修复剂

【原料配比】

原 料	配比（质量份）		
	1#	2#	3#
硅藻土	30	32	38
矿物油	8	6	7
磺化丁二酸辛酸钠	20	17	15
吐温－80	6	7	10
水	36	38	30

【制备方法】 将硅藻土粉碎过300目筛，放入搅拌分散器内，然后放入水搅拌，再依次加入矿物油、磺化丁二酸辛酸钠和吐温－80，加热至70℃，边加料边搅拌，搅拌时间为1h后静止停放，第二天再搅拌15min即可装瓶包装。

【产品应用】 本品主要应用于汽车漆面清洁。

【产品特性】

（1）本品具有强力的除顽垢效果，包括汽车漆面的氧化层、沥青黑点、污水挂渍、锈水挂渍、发动机表面的污渍、汽车座椅真皮面的污渍等经本清洁修复剂擦拭后都能快速清洁修复，并且不伤物件表面，特别对易变黄色的白色车漆，翻新变白更为显著。

（2）本品对于汽车漆面出现的浅表划伤痕和车门拉手处被指甲划伤的痕迹都有完美的修复功效。

（3）本品还能清洁玻璃，对沾满油烟的玻璃更能显示其清洁效果，同时被本品清洁过后玻璃还具有防雾效果。

实例31　汽车清洁打蜡上光剂

【原料配比】

原　　料	配比(质量份)
蜡	15
乳化剂平平加	20
水	45
200#溶剂油	10
研磨剂二氧化硅	10

【制备方法】

(1)把蜡熔化备用。

(2)把乳化剂平平加溶于水中。

(3)把熔化的蜡和200#溶剂油,二氧化硅研磨剂加入步骤(2)所得溶液中,搅拌均匀即得本品。

【产品应用】　本品主要应用于汽车打蜡上光。

【产品特性】　洗涤剂呈中性,无腐蚀作用,清洗效果好,特别是对于难以清洗的油污,清洗效果非常好,用本品擦拭过汽车外表后,会形成一层保护膜,可防止车漆受到空气氧化和紫外线照射,防止雨雪侵蚀,并且不易黏附尘土。

实例32　汽车水箱保护剂

【原料配比】

原　　料	配比(质量份)					
	1#	2#	3#	4#	5#	6#
聚丙烯酸钠(相对分子质量为2000)	20	—	—	—	—	—
聚丙烯酸钠(相对分子质量为1500)	—	22	—	—	—	—

续表

原　料	配比（质量份）					
	1#	2#	3#	4#	5#	6#
聚丙烯酸钠（相对分子质量为1800）	—	—	25	—	—	—
聚丙烯酸钠（相对分子质量为2300）	—	—	—	16	—	—
聚丙烯酸钠（相对分子质量为1900）	—	—	—	—	21	—
聚丙烯酸钠（相对分子质量为1600）	—	—	—	—	—	24
硼砂	1	1	0.9	1.4	1.1	0.7
亚硝酸钠	0.8	0.6	0.8	1.3	0.9	0.7
磷酸二氢钠	1.5	2	1.9	1.7	2	—
苯甲酸钠	0.01	0.01	0.01	0.01	—	—
苯并三氮唑	0.1	0.1	0.1	—	0.1	—
偏磷酸钠	0.3	0.3	0.3	0.3	—	0.3
水	70	55	75	70	78	72

【制备方法】　除聚丙烯酸钠外，将其他组分事先混合均匀备用；在装有搅拌机、回流冷凝管、滴液漏斗和温度计的不锈钢反应罐中加入水，再加入聚丙烯酸钠搅拌均匀，然后再缓慢加入其他组分搅拌均匀，搅拌混合温度控制为 25~30℃，混合均匀后用磷酸调节 pH 值为 7.8，静置即得产品。

【产品应用】　本品主要用于汽车水箱保护。

【使用方法】　按 50mg/L 的干基计配入水中即可，同汽车冷却水一同循环。

【产品特性】 本品原料易得,成本低,中性,无毒、无味,效果好。保护剂加入冷却水中一同循环,避免了水箱的表面浸蚀,不用除垢,实现了水箱免维护,大大延长了水箱的使用寿命,降低了汽车的运行成本,保证了洗车的正常运行。

实例33 汽车养护液

【原料配比】

原　料	配比(质量份)					
	1#	2#	3#	4#	5#	6#
吐温-20	10	—	—	7	9	—
吐温-40	—	1	—	—	—	11
吐温-80	—	—	60	—	—	—
聚丙烯酰胺(相对分子质量1500万)	1	—	—	—	—	—
聚丙烯酰胺(相对分子质量750万)	—	50	—	—	—	—
聚丙烯酰胺(相对分子质量2000万)	—	—	0.01	—	—	—
聚丙烯酰胺(相对分子质量900万)	—	—	—	10	—	—
聚丙烯酰胺(相对分子质量1100万)	—	—	—	—	20	—
聚丙烯酰胺(相对分子质量1300万)	—	—	—	—	—	30
曲通X-100	—	—	—	—	—	2
水	加至100	加至100	加至100	加至100	加至100	加至100

【**制备方法**】 将各原料加入水中,常温搅拌溶解,室温保存即可。

【**产品应用**】 本品主要用于汽车养护。

【**使用方法**】 将本品母液用水稀释100~1000倍作为工作液。

【**产品特性**】

(1)本品原料来源方便,配制简单,易于保存,实际使用前再稀释100~1000倍为工作液,降低了使用成本。

(2)使用方便,洗车效果非常好,越洗越亮,较好地解决了洗车难的问题。对漆面又无任何副作用,长期使用能对汽车起到良好的养护效果。

(3)洗车后,可在漆面形成一层光亮的保护膜,使车辆清洁增亮,对漆面具有延长寿命(防止漆面老化、脱落)等功效。

实例34 汽车引擎减摩养护剂

【**原料配比**】

原　　料	配比(质量份)
苯乙烯-戊二烯共聚物	7
乙基硼酸酯	6
十二烷基二苯醚	9
二烷基二硫代氨基甲酸钼	4
硫化鲸鱼油	17
磺酸钙	9
氯化石蜡(52%)	16
有机磷酸酯	7
矿物油	25

【**制备方法**】 在反应釜中,将原料依次加入后,搅拌一段时间后,即得本品。

【**产品应用**】 本品主要用于汽车引擎养护。

【**使用方法**】 将本品6%加入汽车的机油中,可使汽车发动机的工作状况得到明显改善,无冒蓝烟等现象。

【产品特性】

(1)能在不同的工作环境下,提供相应的化学反应膜,可使摩擦系统维持在较低水平,减轻汽车引擎内部的磨损,节省能耗,一般可取得10%~30%的节能效果。

(2)同时在润滑过程中能自动沉积在摩擦使用划痕、擦伤、烧节点即腐蚀凹处,自动修复工作面,产生平滑和柔滑的摩擦面,使汽车引擎寿命成倍延长。

(3)使用本品后,可减少冒蓝烟等现象,节约引擎的维护费用,延长汽车的寿命。

实例35　汽车用液体防锈蜡

【原料配比】

原　料	配比(质量份)			
	1#	2#	3#	4#
微晶蜡(熔点为54℃)	10	—	—	—
微晶蜡(熔点为90℃)	—	25	—	—
微晶蜡(熔点为70℃)	—	—	30	—
微晶蜡(熔点为75℃)	—	—	—	40
氯化石蜡	5	—	—	—
白油	—	—	1	—
凡士林	—	—	—	1
石油树脂	—	—	—	10
液体石蜡	—	5	—	—
溶剂油(馏点在200℃)	85	—	—	—
溶剂油(馏点在80℃)	—	70	—	—
溶剂油(馏点在120℃)	—	—	69	—
溶剂油(馏点在160℃)	—	—	—	49

【制备方法】 将微晶蜡、蜡烃类混合物与溶剂油混合,制成淡黄色不透明稠状液体。

【产品应用】 本品主要应用于汽车的上光养护。

【产品特性】 由于正确选用了添加剂,对蜡进行了改性,使蜡膜干性好,致密,黏着力好,满足了产生快节奏的要求,并且力学性能、耐腐蚀性能优良,与底盘漆配套性能好;尤其是成本低廉,而且蜡液成膜性好,蜡膜完整、均匀、致密。

实例36 汽车钢板用防锈油

【原料配比】

原　　料		配比（质量份）		
		1#	2#	3#
防锈剂	35#石油磺酸钠	3	2	—
	二壬基奈磺酸钡	5	6	8
	石油磺酸钡	—	2	—
	山梨糖醇酐单油酸酯	3	—	2
	环烷酸锌	—	—	2
	十二烯基丁二酸	1	2	2
润滑剂	二烷基二硫代磷酸锌	2	3	3
	硫化脂肪酸酯 Starlub4161	—	3	—
	磷酸酯 Hordaphos774	3	—	3
辅助添加剂	脂肪醇聚氧乙烯醚	3	3	3.5
抗氧剂	叔丁基对甲酚	1	1.5	1
矿物油	L-AN5 全损耗系统用油	34	—	32.5
	L-AN32 全损耗系统用油	45	—	43
	L-AN15 全损耗系统用油	—	77.5	—

【制备方法】 先将矿物油加热至130~140℃,再加入防锈剂、辅助添加剂、抗氧剂,使其溶解,并充分搅拌,然后待其自然冷却到70℃以下加入润滑剂,充分搅拌,待其自然冷却至室温即制成汽车钢板用防锈油。

【产品应用】 本品用作汽车钢板用防锈油。

【产品特性】 本品解决了防锈油中防锈性与润滑性和脱脂性的相关平衡,满足了汽车钢板用防锈油的性能要求。

实例37 汽车油箱用水基防锈剂

【原料配比】

原　　料	配比（质量份）			
	1#	2#	3#	4#
环氧丙烯酸酯树脂	60	65	70	70
甲醇	8	9	10	10
丁醇	3	4	5	5
水	3	4	5	5
水性氟碳乳液	80	90	100	100
微米级锌粉	8	9	10	—
异丙醇	40	45	50	—
丙酮	20	25	30	—

【制备方法】

(1)在环氧丙烯酸酯树脂中依次加入甲醇、丁醇和水进行溶解,充分搅拌(连续搅拌3min)后,再加入水性氟碳乳液,充分搅拌(连续搅拌3min),水性氟碳乳液为氟乙烯和羟基乙烯基醚共聚物,氟的质量分数为8%~11.5%,且主链含氟原子,即可初步制得汽车油箱用水基防锈剂。

(2)将微米级锌粉加入异丙醇和丙酮所组成的混合溶液中,充分搅拌(连续搅拌3min),并超声分散10min以形成悬浮液,将得到的悬浮液加入初步制得的汽车油箱用水基防锈剂中,搅拌均匀(连续搅拌3min),最终制得本防锈剂。

【注意事项】 环氧丙烯酸酯树脂是本防锈剂的成膜物质。环氧丙烯酸酯树脂又称乙烯基酯树脂,是环氧树脂和丙烯酸进行反应后溶解于苯乙烯中的变性环氧树脂。它具有环氧树脂的优良特性,但是在固化性和成型性方面更为出色,不像环氧树脂那样使用烦琐,是一种热固化性树脂。同时,环氧丙烯酸酯树脂还具有优异的耐水性、耐热性以及优良的黏结性和韧性。该成膜物质的上述特性保证了其优异的防腐性能。

所述水性氟碳乳液为氟乙烯和羟基乙烯基醚共聚物,氟的质量分数为 8%~11.5%,且主链含氟原子。有极佳的机械稳定性、超长的耐候性、抗碱、耐酸雨,能承受较大剪切力,且为常温固化,可调整本防锈剂的成膜温度和成膜性、提高膜层的耐腐蚀性。

所述甲醇和丁醇是本防锈剂的调节剂,主要用来调节防锈剂的黏度。

所述微米级或纳米级锌粉为功能性添加剂之一,其电极电位比油箱金属外壳的电极电位要低,且防锈处理时,以本防锈剂的液相部分为载体,均布在金属表面。当本防锈剂的膜层发生破裂、腐蚀介质(通常是电解质溶液)侵入时,将使锌粉与油箱金属外壳处于电导通状态,锌粉可在金属表面组成一个微区电化学保护的陈列,建立微区阴极保护的体系,起到了阴极二次保护的作用,从而提高本防锈剂的防锈性能。异丙醇和丙酮为锌粉的分散剂。两者的水溶性、分散性较好,因此两者可以顺利地进入本防锈剂中。

【产品应用】 本品用作汽车油箱用水基防锈剂。

【产品特性】 使用本防锈剂对油箱进行防锈处理后,形成一层防锈保护膜,使其具有良好的耐腐蚀性。因此,本防锈剂的防锈效果好、工艺简单可行,能满足汽车油箱的防锈要求和市场的需要。使用本防锈剂后,可以采用普通钢板代替镀锌板等生产油箱,大大降低汽车油箱的生产成本,提高产品的市场竞争力。

本防锈剂组成经济、功能持久、防锈效果好;同时,本防锈剂的制备方法工艺简单、使用设备少。将本防锈剂在普通钢板上使用可以满足汽车油箱的防腐要求,这使利用普通钢板生产油箱成为可能,从而大大降低了油箱的生产成本。

经检测,本防锈剂在 40~60℃ 即可成膜,在 150℃ 下 20min 内烘干。

本防锈剂易于存储,只需保存在 5℃ 以上,避免日光直晒、通风阴凉处即可。在正常存放环境下,防锈期可达 60 个月以上。

第三章　防冻液

实例1　车皮防冻液

【原料配比】

原　　料	配比(质量份)	
	1#	2#
无水氯化钙(工业级)	30	25
乙醇(95%)	10	9
水	60	65
亚硝酸钠	—	1

【制备方法】　将水注入搅拌罐中,将无水氯化钙投入罐中,进行搅拌,直至全部溶解,清除搅拌、溶解过程中所产生的泡沫,继续搅拌以释放出无水氯化钙溶解时产生的热量,使溶液温度降至19~21℃,加入乙醇,搅拌均匀,投入亚硝酸钠,搅拌30min后结束,即制得具有防锈功能的车皮防冻液。

【产品应用】　本品适用于寒冷季节和高寒地区用车皮运输散装物料的防冻。

【产品特性】　采用本品的车皮防冻液在车皮静止状态下,用喷雾器在车皮的车底及四壁均匀喷洒一层防冻液。气温极低时,在装完车后在物料上喷洒一层防冻液,这样一来,物料不再冻结在车皮上,从而不必进解冻室解冻即可顺利卸车。

按照本品的车皮防冻液,是一种多级单体+极性物——[大分子化合物]所形成的大分子化合物,其冰点可达-45℃,此化合物可与物料(例如铁矿粉)中的水分相结合,结合物的冰点仍可低于-42℃。在车皮上喷洒此防冻液后,使车皮表面与物料之间保持液动相,在10h内物料中的水分不会与车皮表面冻结,避免了翻卸车的困难。采用本品

车皮防冻液,具有下列效果:

(1)可免除重车进解冻室解冻,节约能源,并且可以解决解冻室能力不足导致车皮在厂内滞留时间过长的现象,加速车皮的周围速度。

(2)可以解决因冷冻不充分而导致卸车后车皮仍带料而出现二次冻结现象,同时避免了空车带料导致空车必须返回及过磅的过程,降低了运输成本,提高了车皮的利用率。

(3)降低了装卸工人的劳动强度,节省了劳备费用,同时抑制了物料流失。

(4)由于车皮不必进解冻室,从而避免了车皮因受到高温烘烤而导致转动部位的润滑油烧损现象。

实例2　车用防冻冷却液

【原料配比】

原　　料		配比(质量份)				
		1#	2#	3#	4#	5#
乙二醇		95.55	94.19	89.599	92.5	94.3
水		2.5	2.8	7.9	5.4	3.1
唑类化合物	甲基苯并三氮唑	0.3	—	—	—	0.2
	烃基三唑	—	0.2	—	—	—
	苯并三氮唑	—	—	0.5	—	—
	2-巯基苯并噻唑钠	—	—	—	0.3	—
硅酸盐	硅酸钠	0.2	0.2	0.2	0.2	0.2
硅酸盐稳定剂	四甲基硅氧烷	0.05	—	—	—	—
	四乙基硅氧烷	—	0.07	—	—	—
	四丙基硅氧烷	—	—	0.05	0.05	0.05
钼酸盐	钼酸钠	0.4	0.8	0.6	0.4	0.4
缓冲剂	氢氧化钠	0.074	0.114	0.134	0.104	0.024

续表

原　　料		配比(质量份)				
		1#	2#	3#	4#	5#
染色剂	亚甲基蓝	0.006	0.006	0.006	—	—
	酚红	—	—	—	0.006	—
	甲基红	—	—	—	—	0.006
消泡剂	PEG6000DS	0.04	0.01	0.01	0.02	0.02
二乙烯三胺五乙酸五钠		0.3	0.8	0.5	0.5	1.5
聚环氧琥珀酸盐		0.5	0.8	0.5	0.5	0.2
季鳞盐	十六烷基三丁基溴化鳞	0.05	—	—	0.02	—
	甲氧基甲三苯基氯化鳞	—	0.01	—	—	—
	十二烷基三苯基溴化鳞	—	—	0.001	—	—

【制备方法】　先将去离子水加温后,将钼酸盐、聚环氧琥珀酸钠、二乙烯三胺五乙酸五钠、消泡剂、染色剂、硅酸盐、稳定剂、唑类化合物等添加剂加入后,再加入二元醇混合均匀,加入缓冲剂调节合适的 pH 值,过滤装桶即为成品。

【注意事项】　本品所述液体二元醇选自乙二醇、2,3-丁二醇、丙二醇、双丙二醇或它们的混合物,其中优选乙二醇。

所述硅酸盐对铝及铝合金有较好的保护作用,对钢、铁也有缓蚀作用,虽然硅酸盐不稳定,在使用过程中容易析出凝胶,但是硅酸盐价格低廉,完全无毒,符合环境友好的原料要求。

硅酸盐虽然作为防腐剂是比较理想的,但是其安定性差,成膜时间较长,与其他盐共存的时间容易形成凝胶,降低缓蚀功能。为了避免由于硅酸盐不稳定而出现的凝胶,本品提供的防冻液中需要添加硅酸盐稳定剂,优选的稳定剂包括有硅氧烷类化合物,特别是低碳数的硅氧烷,四甲基硅氧烷、四乙基硅氧烷、四丙基硅氧烷、四丁基硅氧烷等。

所述钼酸盐是一种很好的非氧化型多金属缓蚀剂,对所有金属都有良好的防腐蚀效果。

所述缓蚀剂用于调节防冻液的 pH 值,由于防冻液在使用过程中,介质会酸化、pH 值下降,使得添加的效果下降,因此需要在一定程度上稳定 pH 值。本领域已知的各种缓冲剂均可用于本品,通常使用碱金属氢氧化物作为缓冲剂,调节 pH 值在 7~9 的范围内,例如氢氧化锂、氢氧化钾等。

所述染色剂组分的作用也是本领域所公知的,选用水溶性染料,优选亚甲基蓝、溴甲酚蓝、酚红、甲基红等。

所述消泡剂优选 HLB(亲水亲油平衡值)小于 5 的非离子型表面活性剂,例如聚乙二醇型非离子型表面活性剂,优选聚乙二醇 6000 双硬脂酸脂;该表面活性剂虽然不宜在强酸和强碱环境下使用,但本品体系中该表面活性剂均比较稳定。

所述聚环氧琥珀酸盐对水中的碳酸钙、硫酸钙、硫酸钡、氟化钙和硅垢有良好的阻垢分散性能,阻垢效果好,具有良好的协同增效作用。对于金属有一定的缓蚀作用。对于抗结垢成分,在相同的冰点情况下可降低液体二元醇、特别是乙二醇用量,而且是一种绿色阻垢剂。聚环氧琥珀酸盐也可以与 ATMP、HEDP、丙烯酸—丙烯酸羟丙酯之中的一种或多种混合使用。

所述季鏻盐由于磷的离子半径大使其极化作用增大,周围的正电性增加,更易与带负电荷的微生物产生静电吸附作用,从而更容易杀死微生物,优选的季鏻盐如四苯基氯化鏻、四苯基溴化鏻、三苯基甲基溴化鏻、三苯基乙基溴化鏻、三苯基乙基碘化鏻、三苯基丙基溴化鏻、三苯基丁基溴化鏻、苄基三苯基溴化鏻、四丁基氯化鏻、四丁基溴化鏻、十六烷基三丁基溴化鏻、甲氧甲基三苯基氯化鏻、十二烷基三苯基溴化鏻、十四烷基三丁基氯化鏻、二苯基二苄基溴化鏻及二苯基二乙基碘化鏻、四羟甲基硫酸鏻、十六烷基三苯基鏻等中的一种或多种,或者为化合物,如聚醚改性的上述季磷盐;更优选的季磷盐为十六烷基三丁基溴化磷、甲氧甲基三苯基氯化磷、十二烷基三苯基溴化磷、十四烷基三丁基氯化磷中的一种或多种。

【产品应用】 本品可用于汽车发动机的冷却回路、中央加热系统的热水回路、电阻加热的散热器、太阳能动力回路以及冷却剂冷却的循环系统中。

【产品特性】 本品防冻冷却液,淘汰了常规典型配方中容易造成泵密封磨损腐蚀的硼酸盐和磷酸盐,以及环保安全不符合环境友好理念的亚硝酸盐等,复配了二乙烯三胺五乙酸五钠、聚环氧琥珀酸盐、季磷盐等新的有效组分,优点在于有效阻垢、长效杀菌,阻隔霉菌的生长、保护水箱系统,各项金属腐蚀指标达到要求,特别是电化学腐蚀实验数据表明,其对铸铁、铸铝、黄铜的防腐蚀效果更佳。

实例3 低碳多元醇-水型汽车防冻液

【原料配比】

原　　料	配比(质量份)
乙二醇	98.59
磷酸钠	0.5
硝酸钠	0.21
硅酸钠	0.4
苯并三氮唑	0.05
硼砂	0.2
磷酸	0.049
中性红和亚甲基蓝	0.001

【制备方法】 将配方中的原料加入搅拌罐中,在常温常压下,搅拌至完全溶解,即可得产品。

【注意事项】 本品用正磷酸盐代替已有技术中的酸式磷酸盐,这种正磷酸盐包括磷酸钠、磷酸钾、磷酸钙等,磷酸根对防止铝和铁的腐蚀极为重要,故加入上述磷酸盐后可起到防腐作用,同时,正磷酸盐溶于水后呈碱性,因此,当它加入防冻液中可增大液体的碱性。本品用磷酸作为新的 pH 值调节剂,它是一种次强酸,它与上述正磷酸盐配合起来可较好地调节防冻液的 pH 值,同时磷酸还可降低防冻液对铝和铁的腐蚀作用,用上述正磷酸盐和磷酸调节 pH 值,还具有稳定体系酸碱度的缓冲作用。

本品用适量中性红和亚基蓝作为着色剂给不冻液着色,这种着色剂可以根据防冻液酸碱度的变化而变色,即防冻液酸度增大时,其液体颜色由原来的绿色变为蓝紫色,根据这种颜色的变化,可直接判断防冻液能否继续使用,即颜色一变,说明防冻液的酸度增大,会给冷却系统中的金属造成腐蚀,因此,必须及时更换或重新调配防冻液,方能继续使用。

【产品应用】 本品主要应用于汽车发动机冷却系统。

【产品特性】 本品用正磷酸盐和磷酸配合起来调节 pH 值比用氢氧化钾配合酸式磷酸盐调节 pH 值更优越,因为正磷酸盐和酸式磷酸盐的防腐作用和程度基本相同,而氢氧化钾是一种单纯的 pH 值调节剂,磷酸却是一个兼有防腐作用的 pH 值调节剂,从这一点上看用正磷酸盐和磷酸配合起来调节 pH 值,可进一步降低液体对铁和铝的腐蚀,同时正磷酸盐和磷酸都比较便宜,有利于降低成本,另外,本品的着色剂,能够指示冷却液酸碱度的变化,着色剂的这一功能对使用者来说是非常重要的,有了这一功能,使用者可以对防冻液的防腐性能进行直观监督与检查。以上两点改进,使得防冻液的结构组成更为完善,使用更为方便。

实例4 多功能防冻汽车冷却液

【原料配比】

原 料	配比(质量份)	
	1#	2#
氯化钙	95	—

原　　料	配比（质量份）	
	1#	2#
氯化镁	—	95
苯甲酸钠	1	1
偏硅酸钠	1	0.98
氯化磷酸三钠	0.98	—
苯并咪唑烯丙基硫醚	2	3
消泡剂 TS-103	0.01	0.01
水溶性染料	0.01	0.01

【制备方法】　先将溶剂置于在反应釜中,然后根据固体化工原料的技术配方中各组分的质量分数分二次添加溶质,第一次添加除氯化钙以外的其他化工原料并进行强力搅拌 30min 以上,使其在溶剂中充分溶解,而后再添加氯化钙并进行强力搅拌 30min 以上,使溶质在溶剂中充分溶解,然后静置、沉淀 30min 以上,用 120 目铜筛滤出残留物,即制成多功能防冻汽车冷却液。

【产品应用】　本品主要应用于各种机动车辆及机械设备水循环系统的防冻,可在-33℃和-50℃以上的温度时使用。

【产品特性】　现有汽车冷却液中溶质为乙二醇、乙醇等均属于易燃易爆品,而本品为非易燃易爆品,使用安全可靠;现有汽车冷却液使用的乙二醇等属于有毒物质,而本品所选用的化工原料无毒无害,符合环保要求;其原料来源广泛,运输存储安全,加工制作工艺简单,价格低廉;其能使各种机动车辆及机械设备在冬季有效地运转,防止机动车等水箱冷却系统冻结;其冷却防冻效果显著,能延长各种机动车辆及设备的使用寿命,能提高机动车及设备的运营效率,降低其运营成本;其能减少对环境的污染,使用安全可靠,符合环保要求。

实例5　多功能汽车冷却液(1)

【原料配比】

原　　料	配比(质量份)	
	1#	2#
纯净水	100	100
氯化钙	1~85	—
氯化镁	—	1~150
苯甲酸钠	0.1~5	0.1~6
苯并三氮唑	0.1~3	0.1~3
三磷酸钠	0.1~3	0.1~3
偏硅酸钠	0.1~6	0.1~6
亚硝酸钠	0.1~13	0.1~13
聚天门冬氨酸	0.1~3	0.1~3
水溶性染料	0.001~0.06	0.001~0.06

【制备方法】　将纯净水和化工原料,依次放入搅拌器中,充分溶解和搅拌不低于60min,将其搅拌均匀后,用不低于120目的铜筛渗滤出残留物后,灌装,封口,包装,即制作出成品多功能汽车冷却液。

【产品应用】　本品主要应用于各种机动车辆水箱和各种机械设备循环水系统,其适合在-55℃和-50℃以上的温度状态下使用。

【产品特性】

(1)现有汽车冷却液为乙二醇、乙醇等易挥发性物质,能使溶液的蒸气压增大,以致降低其沸点,而多功能汽车冷却液为难挥发物质,具有沸点升高,凝固点降低和防腐蚀、防垢、防气蚀的特点。

(2)现有汽车冷却液中的溶质为乙二醇、乙醇等均属于易燃易爆品,而多功能汽车冷却液为非易燃易爆品,使用安全可靠。

(3)现有汽车冷却液使用的乙二醇属于有毒物质,而多功能汽车冷却液选用的材料无毒、无害,符合环保要求。

(4)本品能有效地防止对黑色金属、锡、铜及铜合金、铝及铝合金的腐蚀。

(5)本品材料来源广泛,运输存放安全,加工制作工艺简单,价格低廉,易于采购。

实例6 多功能汽车冷却液(2)

【原料配比】

原 料	配比(质量份)
水	100
硝酸钙	5.3~150
苯甲酸钠	0.1~3
亚硝酸钠	0.1~5
苯并三氮唑	0.1~1
偏硅酸钠	0.1~5
三磷酸钠	0.1~3
水溶性染料	0.001~0.01

【制备方法】 将原料依次放入反应釜中,进行充分溶解和搅拌混合均匀即可。

【产品应用】 本品主要用作汽车冷却液。

【产品特性】 现有汽车冷却液为乙二醇、乙醇等易挥发性物质,能使溶液的蒸气压增大,以致降低其沸点,而多功能汽车冷却液为难挥发物质,具有沸点升高,凝固点降低和防腐蚀、防垢、防气蚀的特点。现有汽车冷却液中的溶质为乙二醇、乙醇等均属于易燃易爆品,而多功能汽车冷却液为非易燃易爆品,使用安全可靠。现有汽车冷却液使用的乙二醇属于有毒物质,而多功能汽车冷却液选用的材料无毒、无害、符合环保要求。

本品选用的原料无毒、无害,符合环保要求,其原材料来源广泛,运输存储安全,加工制作工艺简单,价格低廉,其能使各种机动车辆及机械设备在冬季有效地运转,防止机动车等水箱冷却系统冻结;其冷却防冻效果显著,能延长各种机动车辆及设备的使用寿命,能提高机动车的运营效率,降低其运营成本,其能有效地防止对黑色金属、铜及铜合金、铝及铝合金的腐蚀,其具有防沸、防冻、防垢、防锈、防腐等功能。

实例7 多功能强效汽车冷却液

【原料配比】

原　　料	配比（质量份）
纯净水	100
醋酸钾	1~150
苯甲酸钠	0.1~5
苯并三氮唑	0.1~3
偏硅酸钠	0.1~6
亚硝酸钠	0.1~16
聚天门冬氨酸	0.1~6
水溶性染料	0.001~0.06

【制备方法】 将纯净水和化工原料,依次放入搅拌器中,充分溶解和搅拌不低于60min,将其搅拌均匀后,用不低于120目的铜筛渗滤出残留物后,灌装、封口、包装,即制作出成品多功能强效汽车冷却液。

【注意事项】 醋酸钾能降低水的冰点,其42%~60%浓度水溶液的冰点为−60~−40℃,其沸点为118℃,可用作汽车水箱的冷却液,苯甲酸钠对降低冰点起作用,并能防止冷却液对黑色金属部件产生腐蚀,苯并三氮唑在冷却液中可提高冷却液与金属的热传导速度,并能防止冷却液对铜及铜合金的腐蚀;偏硅酸钠能有效地防止黑色金属的腐蚀,对铝及铝合金防腐蚀效果尤为显著,亚硝酸钠能有效地阻止气蚀的侵袭,聚天门冬氨酸是有产的阻垢剂和分散剂,水溶性染料便于机械设备循环水系统发生渗漏时进行检查和维修。

【产品应用】 本品主要应用于各种机动车辆水箱和各种机械设备循环水系统,适合在−60℃以上的温度状态下使用。

【产品特性】

(1)本品具有防沸、防冻、防垢、防腐蚀、防气蚀的功能。

(2)本品能有效地防止对黑色金属、锡、铜及铜合金、铝及铝合金的腐蚀。

(3)本品能有效地降低溶液的凝固点,使沸点上升,冷却效果显著。

(4)本品为非易燃易爆品,使用安全可靠。

(5)本品无毒、无害、无副作用,符合环保要求。

(6)本品材料来源广泛,运输存储安全,加工制作简单,价格低廉,使用方便。

实例8 防腐防垢汽车发动机冷却液

【原料配比】

原　　料	配比(质量份)
水	99.3
亚硝酸钠	2
癸二酸钠	0.3
苯并三氮唑	0.1
巯基苯并噻唑	0.07
甲苯基三唑钠	0.14
硼砂	3
硅酸钠	0.07
二氧化硅	0.2
氢氧化钙	0.03
聚马来酸	0.15
消泡剂	0.35
染料	0.05

【制备方法】 将各组分溶于水,混合均匀即可。

【产品应用】 本品主要用作汽车冷却液。

【产品特性】　本品能防止汽车冷却系统中紫铜、黄铜、焊锡、钢、铸铁、铝等金属物质产生腐蚀及生成水垢,使冷却系统保持良好的散热状态,以保证发动机在正常的温度范围内工作,有利于提高汽车的使用质量,可减少发动机相关部件的故障损坏,延长部件的使用寿命。

实例9　复合盐汽车冷却液

【原料配比】

原　　　料	配比(质量份)
纯净水	100
氯化镁	5.3~150
苯并三氮唑	0.1~1
苯甲酸钠	0.1~5
偏硅酸钠	0.1~6
四硼酸钠	0.1~3
水溶性染料	0.001~0.01

【制备方法】　将各原料依次放入反应釜中,进行充分溶解和搅拌,混合均匀即可。

【产品应用】　本品主要用作汽车冷却液。

【产品特性】　现有汽车冷却液为乙二醇、乙醇等易挥发性物质,能使溶液的蒸气压增大,以致降低其沸点,而复合盐汽车冷却液为难挥发物质,具有沸点升高,凝固点降低和防腐蚀、防垢、防气蚀的特点。现有汽车冷却液中的溶质为乙二醇、乙醇等均属于易燃易爆品。复合盐汽车冷却液为非易燃易爆品,使用安全可靠。

本品选用的原料无毒、无害,符合环保要求,其原材料来源广泛,运输存储安全,加工制作工艺简单,价格低廉,其能使各种机动车辆及机械设备在冬季有效地运转,防止机动车等水箱冷却系统冻结;其冷却防冻效果显著,能延长各种机动车辆及设备的使用寿命,能提高机动车的运营效率,降低其运营成本,其能有效地防止对黑色金属、铜及铜合金、铝及铝合金的腐蚀,其具有防沸、防冻、防垢、防锈、防腐等功能。

实例 10　环保型长效汽车冷却液

【原料配比】

原　　　料		配比（质量份）				
		1#	2#	3#	4#	6#
乙二醇		420	500	590	380	284
脱盐水		580	500	410	620	716
缓蚀剂	癸二酸	2	3	4	3.5	5
	苯甲酸钠	5	7	9	10	8
	钼酸钠	0.1	0.2	0.6	0.8	1
	硼砂	8	5	10	6	9
	苯并三氮唑	1	0.8	0.6	0.1	0.3
	硅酸钠	2.5	1	1.8	0.5	0.8
	氢氧化钠	4	2	4	3	3.7
硅酸盐稳定剂		2.5	2	0.8	1	1.8
消泡剂		0.035	0.03	0.04	006	0.05
染色剂		0.04	0.03	0.025	0.02	0.035

【制备方法】

（1）向反应器 A 中加入乙二醇、癸二酸、苯并三氮唑，常压操作，加热至 65℃，搅拌 15min，直至物料全部溶解为止，再加入适量氢氧化钠，搅拌至全部溶解，其中乙二醇的用量以控制冷却液冰点，加得越多，冷却液的冰点越低，生产费用越高，加热温度在 65～70℃，温度低，溶解慢，搅拌器的搅拌时间为 10～20min，若搅拌器的速度快，所需时间会少，以固体粉料全部溶解为限。

（2）向反应器 B 中加入脱盐水，加入苯甲酸钠、钼酸钠、硼砂，常压下操作，加热至 64℃，搅拌 18min，使固体颗粒物料全部溶解为止。

（3）向反应器 C 中加入硅酸钠，加入脱盐水，常压常温下操作，搅拌 8min，直至硅酸钠全部溶解。

(4)将反应器 B 内物料加入反应器 A,搅拌 15min 后,加入硅酸盐稳定剂,再搅拌 5min,再将反应器 C 内物料压入反应器 A 中,搅拌 5min,以后再加入消泡剂,再搅拌 5min,再将剩余的氢氧化钠加入反应器 A 中,调节 pH 值,使 pH 值达到 9,氢氧化钠的加入量,以控制生成的冷却液 pH 值维持 8~9 位准,出料前再加入染色剂,再搅拌 25min,混合均匀后进行包装,即得成品。

【产品应用】 本品主要用作汽车冷却液。

【产品特性】

(1)采用有机酸与无机盐复合型配方,会使产品对汽车发动机冷却系统防护能力增强。

(2)配方中有机酸使产品延长使用周期,达到长效的目的。

(3)配方中添加硅酸钠产品,使铸铝器件的防护能力得到提高。

(4)配方中不含有磷酸盐、亚硝酸盐、铬酸盐等对人体有害或环境有害的物质,使产品更加符合环保的要求。

实例11 内燃机车防沸、防冻冷却液

【原料配比】

原　　料	配比(质量份)		
	1#	2#	3#
乙二醇	30	55	65
磷酸二氢钠	3.8	3.6	2
三乙醇胺	1.5	2	3
苯甲酸钠	2	1.6	1
钼酸钠	0.8	1	1.5
硅酸钠	0.3	0.2	0.1
苯并三氮唑	0.1	0.1	0.15
聚马来酸酐	0.15	0.1	0.05
乙二胺四亚甲基膦酸钠	0.3	0.1	0.1
水	加至100	加至100	加至100

【制备方法】 首先把苯并三氮唑用热水或乙醇溶解之后即可同其他药剂一起投入工业水中溶解,稀释到规定浓度,搅拌均匀即为成品。必要时,用氢氧化钠调节 pH 值大于 8。

【产品应用】 本品主要不仅应用于汽车、拖拉机、工程机械、坦克等内燃机上使用效果好,还为铁路大功率内燃机车提高速度、增大功率、加快周转和节能降耗创造了技术条件。本品-50℃不冻结。

【产品特性】 本品缓蚀效率高、腐蚀速度慢,用工业水配制使用简便;凡符合铁路蒸汽机车锅炉给水水质标准的工业水都可以使用,而且可以使内燃机车和蒸汽机车一样在铁路沿线就地随时补水,从而使机车整备工作简化,运行效率大幅度提高;使用效能较大。

实例12 内燃机车工业水冷却液用缓蚀剂

【原料配比】

原 料	配比(质量份)
四硼酸钠	0.25
亚硝酸钠	0.25
二氧化硅	0.04
苯并三氮唑	0.005
聚马来酸酐(含量25%)	0.005
乙二胺四亚甲基膦酸钠(含量28%)	0.005
硝酸钠	0.04
工业水	加至100

【制备方法】

(1)首先称取经脱水处理的四硼酸钠、亚硝酸钠、硝酸钠,共同研细混匀,然后分别加入聚马来酸酐、乙二胺四亚甲基膦酸钠,最后称取苯并三氮唑用乙醇溶解后加入塑料袋中封好备用。

（2）配液时先用部分洁净的自来水将此药剂全部溶解之后再加入二氧化硅的液体硅酸钠,补足工业水到100,搅拌均匀即可使用。

【产品应用】 本品主要应用于汽车、轮船、拖拉机、坦克、工程机构等各种水冷式内燃机冷却液的缓蚀剂。

【产品特性】

（1）采用本品的缓蚀剂,凡符合铁路蒸汽机车锅炉给水水质标准的工业用水内燃机车均可使用,这样,不仅节约了大量为生产去离子水所需的资金,而且内燃机车如同蒸汽机车一样沿途可以随意上水,从而使机车运行效率大大提高。

（2）在不降低抗蚀防垢性能的基础上做到了原料来源广泛,成本较低,使用方便,有利于在汽车、轮船、拖拉机、坦克、工程机构等各种水冷式内燃机上推广使用。

实例13　内燃机车冷却液高效缓蚀剂

【原料配比】

原　　　料	配比（质量份）
四硼酸钠	45
亚硝酸钠	48
聚马来酸酐	0.0009
乙二胺四亚甲基膦酸	0.0009
乙醇	适量
苯并三氮唑	0.005
硅酸钠	0.09

【制备方法】 首先将四硼酸钠、亚硝酸钠研成粉末,然后放进聚马来酸酐和乙二胺四亚甲基膦酸,最后,用乙醇使苯并三氮唑溶解后,一并放入塑料中,使用时,将上述塑料袋中物品连同硅酸钠一同投入去离子水中,上述塑料袋中物品和硅酸钠的总量与去离子水的比例为1∶157。

【**产品应用**】 本品用作内燃机车冷却液高效缓蚀剂。

【**产品特性**】

(1)原材料资源广泛,成本低。

(2)减缓了对内燃机车冷却系统各部件的腐蚀作用,延长了检修期。

(3)对铝件有较好的缓蚀作用,可避免使用铸铁水泵,为板翅式铝质散热器在内燃机上推广应用创造了条件。

(4)使用方便,减少了对环境的污染。

实例14 汽车发动机防冻液

【**原料配比**】

原 料	配比(质量份)
乙二醇	95
水	5
巯基苯并噻唑	0.2
氢氧化钾	0.18
磷酸二氢钾	1.5
邻苯二甲酸	0.24
间苯二甲酸	2.4
苯甲酸钠	1

【**制备方法**】 先将乙二醇、水、巯基苯并噻唑加入混合器内,搅拌溶解后,加入其他成分,搅拌溶解混合均匀,即得成品。

【**产品应用**】 本品主要应用于汽车发动机。

【**产品特性**】 本品防冻效果好,-40℃低温使用不结冻。不含胺类,不成亚硝酸铵,使用安全,不存在致癌问题。抑制腐蚀效果好,对铝无腐蚀,对钢和铸铁腐蚀甚微。

实例15 汽车发动机冷却液

【原料配比】

原　　料	配比(质量份)		
	1#	2#	3#
去离子水①	20	30	25
乙二醇	30	40	50
磷酸	0.1	0.05	0.15
硼砂	1	0.51	1.5
去离子水②	50	30	25
三乙醇胺	1	0.5	1.5
氢氧化钠	0.1	0.05	0.15
2-戊基胺苯并咪唑(PAB)	0.1	0.05	0.15
巯基噻唑二钠(NATD)	—	—	0.15
巯基苯并噻唑钠(NACAP)	0.2	0.15	0.1
硅稳定剂3-(三羟基甲基硅氧烷)丙烷基单磷酸酯·磷酸盐	0.1	0.05	0.15
硅酸钠	0.1	0.05	0.15

【制备方法】

(1)在带有搅拌器的反应釜中加入去离子水①,再加入乙二醇、磷酸和硼砂,充分搅拌至全部溶解。

(2)在另一带有搅拌的反应釜中加入去离子水②,再加入三乙醇胺、氢氧化钠、烷基胺苯并咪唑、噻唑钠、硅稳定剂和硅酸钠,充分搅拌至全部溶解。

(3)将步骤(1)和(2)的物料混合搅拌均匀,并加入适量的消泡剂二甲硅油乳化液和色料直接耐晒蓝,即制得本品冷却液。

【注意事项】 所述噻唑钠为巯基噻唑二钠和巯基苯并噻唑咪中

的一种或两种的复配,复配比例可以是任意比。

所述烷基胺苯并咪唑是2-戊基胺苯并咪唑(PAB)。

所述硅稳定剂为3-(三羟基甲基硅氧烷)丙烷基单磷酸酯·磷酸盐。

【产品应用】 本品主要应用于不同地区气候条件和国内外各种型号洗车发动机的冷却系统。

【产品特性】 本品汽车发动机冷却液中添加了新的铜缓蚀剂、噻唑钠和烷基胺苯并咪唑。该冷却液一年四季通用,具有防沸、防冻、防气蚀、不腐蚀金属和具有阻垢等特点,尤其解决了传统冷却液中添加对铜起缓蚀作用的成分后,出现的溶液不稳定、沉淀等问题,质量更加稳定可靠。

实例16 汽车防冻液(1)

【原料配比】

原　　料	配比(质量份)				
	1#	2#	3#	4#	5#
超纯水	29	87	77	67	47
乙二醇	68	10	20	30	51
防锈剂	1	1	1	1	0.7
防霉剂	0.6	0.6	0.6	0.6	0.5
pH值调节剂	0.9	0.9	0.9	0.9	0.5
抗泡剂	0.45	0.45	0.45	0.45	0.28
色素	0.05	0.05	0.05	0.05	0.02
其冰点	-68.2℃	-4.3℃	-7.6℃	-14.2℃	-33.7℃

【制备方法】 将各组分溶于水混合均匀即可。

【注意事项】 所用超纯水是水中电解质几乎全部去除,水中不溶解的胶体物质、微生物、微粒、有机物、溶解气体降至很低程度,25℃

时,电阻率为 $10M\Omega \cdot cm$,必须经膜过滤与混合床等终端精处理的水。超纯水是目前人为能制得的最接近绝对纯的水,目前所能达到的超纯水的最大电阻是 $18.2M\Omega$。

【产品应用】　本品主要用作汽车防冻液。

【产品特性】

(1)洗车防冻液实现自制后,可节约成本。由于需求量相当大,因此节约成本相当可观。

(2)技术范围内($-4.1 \sim -68℃$)汽车防冻液,可以自行配制任意冰点产品,以满足各类特殊要求。

实例17　汽车防冻液(2)

【原料配比】

原　　料	配比(质量份)
乙二醇	94.15
三乙醇胺	0.2
硼砂	3
苯并三氮唑	0.8
三硝基苯酚	0.15
氢氧化钠	0.3
硝酸钾	0.25
亚硝酸钠	0.15
硅酸钠	1

【制备方法】　首先将三硝基苯酚用热水溶解,然后把硼砂、硅酸钠混配均匀,再把硝酸钾、亚硝酸钠倒入乙二醇中搅拌均匀后,再把所有混配材料搅拌在一起,溶解于乙二醇中,所有材料溶解均匀后即得成品。

【产品应用】　本品主要应用于所有汽车发动机冷却系统,也适用于柴油发电机组的冬季防冻。

本防冻液与水按 1：1 的比例混合使用时，将使冰点降至-36.7℃。

【产品特性】 本品中比一般防冻液增加了苯并三氮唑的含量,提高了防冻液和金属间的热传导速度,并可以减缓锈垢的析出及 pH 值的下降,而且苯并三氮唑有很好的防腐作用,降低了防冻液的成本。

实例 18 汽车冷却液

【原料配比】

原　　料	配比（质量份）
乙二醇	94
硼砂	1
苯甲酸钠	0.5
苯并噻唑	0.1
硅酸钠	0.2
咪唑	2
N-[二(2,6-二甲基苯基)氨基-2-氧代乙基]-N,N-二乙基苯甲烷苯甲酚磷盐	0.1
抗凝剂	500ppm
染料	100ppm
氢氧化钠	0.5
2-乙基己酸钠	1
消泡剂	100ppm

【制备方法】 将乙二醇、2-乙基己酸钠、N-[二(2,6-二甲基苯基)氨基-2-氧代乙基]-N,N-二乙基苯甲烷苯甲酚磷盐、咪唑、苯并噻唑、硼砂、苯甲酸钠、硅酸钠、氢氧化钠按比例加入在搪玻璃反应釜中,在减压(真空度为-0.05~0.09MPa)常温状态下,搅拌溶解 3~5h。将抗凝剂、染料,消泡剂加入搪玻璃反应釜中,在减压(真空度-0.05~

0.09MPa),常温下搅拌溶解7~10h,待溶解后,反应物的常温下过滤,放料,即得成品。

【产品应用】 本品主要用作汽车冷却液。

【产品特性】 本品使冷却液避免对人体和生态环境的危害,是一种环保型冷却液,同时防金属腐蚀性能大大提高。

实例19 汽车专用长效冷却循环液

【原料配比】

原 料	配比(质量份)
乙二醇	59
硅酸钠	0.2
亚硝酸钠	2
氢氧化钠	0.3
磷酸三乙醇胺	1.5
苯并三氮唑	0.1
苯甲酸钠	1
磷酸三钠	0.3
六偏磷酸钠	0.3
2,6-二叔丁基-4-甲酚	0.2
聚丁烯琥珀酸亚胺	0.5
甲基丙烯酸酯	0.05
氟代烃	0.001
M 促进剂	0.01
去离子水	40

【制备方法】 将水置于混合罐中,加入各组分,使其溶于水中,搅拌混合均匀即可。

【产品应用】 本品主要应用于汽车、拖拉机、空调的冷却循环系统。

【产品特性】 本品具有良好的防锈、防腐、防垢功能和较高的稳定性。

实例20 无机复合盐汽车冷却液

【原料配比】

原　　料	配比（质量份）
食用六水氯化镁	75~185
亚硝酸钠	0~5
三磷酸钠	0~3
苯甲酸钠	0~5
苯并三氮唑	0~3
去离子水	100
水溶性染料	少许

【制备方法】 将水置于混合罐中，加入各组分，使其溶于水中，搅拌混合均匀即可。

【注意事项】 食用六水氯化镁溶液能使水的沸点上升和凝固点下降，其浓度在41%~60%时，溶液在-50~-40℃不结冻，其沸点在105℃，可用作汽车水箱的抗冻剂。亚硝酸钠能有效地阻止气蚀的侵袭。三磷酸钠作除垢剂可以除去水中Ca^{2+}、Mg^{2+}等离子。苯甲酸钠不仅对降低冰点起作用，而且能防止防冻液对黑色金属部件产生腐蚀。苯并三氮唑在防冻液中可提高防冻液与金属的热传导速度，并防止防冻液对铜及铜合金的腐蚀。

【产品应用】 本品主要应用于各种机动车辆水箱和各种机械设备水循环系统的抗冻，适合在-50~-40℃的环境下使用。

【产品特性】

(1)本品具有防沸、防冻、防锈、防腐的功能。

（2）本品能有效地防止对黑色金属、锡、铜及铜合金、铝及铝合金的腐蚀。

（3）本品材料来源广泛，运输存储安全，加工制作简单，价格低廉，使用方便。

（4）本品无毒、无害、无副作用，符合环保要求。

（5）本品为非易燃易爆品，使用安全可靠。

实例21 无机盐汽车冷却液（1）

【原料配比】

原　　料	配比（质量份）
纯净水	100
氯化钙	5.3~150
苯并三氮唑	0.1~1
苯甲酸钠	0.1~3
偏硅酸钠	0.1~5
四硼酸钠	0.1~3
水溶性染料	0.001~0.01

【制备方法】 将原料依次放入反应釜中，进行充分溶解和搅拌，其采用现代工艺制备而成。

【产品应用】 本品主要用作汽车冷却液。

【产品特性】 本品选用的原料无毒、无害，符合环保要求，其原材料来源广泛，运输存储安全，加工制作工艺简单，价格低廉，其能使各种机动车辆及机械设备在冬季有效地运转，防止机动车等水箱冷却系统冻结；其冷却防冻效果显著，能延长各种机动车辆及设备的使用寿命，能提高机动车的运营效率，降低其运营成本，其能有效地防止对黑色金属、铜及铜合金、铝及铝合金的腐蚀，其具有防沸、防冻、防垢、防锈、防腐等功能。

实例22　无机盐汽车冷却液(2)

【原料配比】

原　　料	配比(质量份)
纯净水	100
化学纯二水氯化钙	62~100
亚硝酸钠	0.1~5
亚硝酸钡	0.1~3
钼酸钠	0.1~5
苯并三氮唑	0.1~3

【制备方法】　将水置于混合罐中,加入各组分,使其溶于水中,搅拌混合均匀即可。

【注意事项】　化学纯二水氯化钙能降低水的冰点,其38%~50%的水溶液的冰点为-50~-40℃,其沸点为105℃,可作为汽车水箱和各种机械设备水循环系统的抗冻剂。苯并三氮唑在冷却液中可提高冷却液与金属的热传导速度,并防止冷却液对铜及铜合金的腐蚀。亚硝酸钡能有效地降低冷却液中的SO_4^{2-}离子。亚硝酸钠、钼酸钠能有效地防止冷却液对黑色金属的锈蚀,是良好的缓蚀剂。

【产品应用】　本品主要应用于各种机动车辆水箱和各种机械设备水循环系统的抗冻,适合在-55~-40℃的环境下使用。

【产品特性】

(1)本品具有防沸、防冻、防锈、防腐的功能。

(2)本品能有效地防止对黑色金属、锡、铜及铜合金、铝及铝合金的腐蚀。

(3)本品材料来源广泛,运输存储安全,加工制作简单,价格低廉,使用方便。

(4)本品无毒、无害、无副作用,符合环保要求。

(5)本品为非易燃易爆品,使用安全可靠。

实例23 有机盐汽车冷却液
【原料配比】

原　　　料	配比(质量份)
纯净水	100
化学纯醋酸钾	73～150
苯并三氮唑	0.1～5
苯甲酸钠	0.1～5
偏硅酸钠	0.1～5
四硼酸钠	0.1～5

【制备方法】 将纯净水和各种原料,依次放入反应釜中,充分溶解和搅拌制作而成。

【注意事项】 醋酸钾能降低水的冰点,其42%～60%的水溶液的冰点为-60～-40℃,其沸点为118℃,可作为汽车水箱的抗冻剂。苯并三氮唑在防冻液中可提高冷却液与金属的热传导速度,并防止冷却液对铜及铜合金的腐蚀。苯甲酸钠不仅对降低冰点起作用,而且能防止防冻液对黑色金属部件产生腐蚀,四硼酸钠、偏硅酸钠是良好的防锈剂。

【产品应用】 本品主要应用于各种机动车辆水箱和各种机械设备水循环系统的抗冻,适合在-60～-40℃的环境下使用。

【产品特性】

(1)本品具有防沸、防冻、防锈、防腐的功能。

(2)本品能有效地防止对黑色金属、锡、铜及铜合金、铝及铝合金的腐蚀。

(3)本品能有效地降低溶液的凝固点,使沸点上升、冷却效果显著。

(4)本品为非易燃易爆品,使用安全可靠。

(5)本品无毒、无害、无副作用,符合环保要求。

(6)本品材料来源广泛,运输存储安全,加工制作简单,价格低廉,使用方便。

实例 24　多功能耐低温防腐防锈的防冻液

【原料配比】

原　　料	配比(质量份)							
	1#	2#	3#	4#	5#	6#	7#	8#
饱和生物离子活性水	95	60	85	50	32	90	80	75
二甲苯	1.95	2	1	5	35	1	8	10
吐温	2	28	2	5	15	7	6	10
苯甲酸	1	9	7	35	17.95	1	3	4
亚甲基蓝	0.05	1	5	5	0.05	1	3	1

【制备方法】

(1)首先将饱和生物离子活性水加温 30~98℃。

(2)再放入二甲苯和苯甲酸混合,充分搅拌后,等到温度下降为 26~38℃。

(3)再加入吐温,进行搅拌。

(4)最后加入亚甲基蓝,混匀,此时所得液体呈浅绿色,pH 值为 7.6~8.9。即为多功能耐低温防腐防锈防冻液,进行分装,储存。

【注意事项】　本品配方的主要成分说明如下:

饱和生物离子活性水比乙二醇、二甲基亚砜的沸点高、冰点低、无挥发性、无泡沫、无毒性、不燃爆,生物活性强、抗氧化、酸化、碱化。

饱和生物离子活性水的功能:具有柔和性强的布朗运动、生物膜成相的特点,且含有二十多种稀有金属离子和非金属离子,具有抗菌、杀毒作用,能在各种金属表面形成一种生物保护膜,从而形成金属相—生物膜相—液体相,三界相形成。此三界相可在金属相表面产生抗氧化、酸化、碱化、耐磨、传热均匀的作用;生物膜系稀有金属离子、非金属离子和蛋白质络合形成,具有传热均匀、快,且膜性柔软、减震性强;液体相 pH 值接近中性,分子运动强、高沸性、热容量大、散热性强、耐低温,在低温时保温性强、黏度小。且生物离子活性水的活性强,能有效消除金属表面的污垢;由于离子络合物的作用使所有离子处于络合之间,从而是形成一种具有缓冲作用的离子平衡液,有效地缓冲了冷冻液溶液中氢离子变化时所出现的酸碱度的变化,能在金属表面形成一种等离子电位界面,从而在金属表面形成一种生物膜相,保证了金属表面无电位差,有效地防止金属表面的氧化;生物膜软性强,对金属表面有较强的减震作用;由于金属表面无氧化层和气泡形成,所以传热均匀、快。

二甲苯主要由原油在石油化工过程中制造,它广泛用于颜料、油漆等的稀释剂,印刷、橡胶、皮革工业的溶剂。作为清洁剂和去油污剂,航空燃料的一种成分,化学工厂和合成纤维工业的原材料和中间物质,以及织物的纸张的涂料和浸渍料。二甲苯可通过机械排风和通风设备投入大气而造成污染。一座精炼油厂排放入大气的二甲苯高达 13.18～1145g/h,二甲苯可随其生产和使用单位所排入的废。

本品配方之间的生物络合,有效地解决了甲苯、吐温、苯甲酸的挥发性和溶解性问题,不会产生有害性物质,防冻液具有稳定的高沸点、强阻垢、高除锈、强防腐、超级防冻、无燃爆、无毒、抗氧化、缓冲酸碱、热容量大,性能可靠,能对任何发动机的冷却系统起到散热、防冻、防垢、防锈、抗氧化、减震等作用;达到多功能、全方位的保护金属和非金属材料的作用。

【产品应用】　本品主要用于汽车发动机、冷却水箱上。

【产品特性】　因使用了一种生物离子活性水为基本原料,来取代乙二醇,产品的制备和使用方法简单、便于保存和运输,成本低,不存在三废问题,本品突出的进步就在于能在各种金属表面形成一种等离子生物膜,使金属表面和水表面形成离子等电位,具有抗氧化、高沸点、强阻垢、高除锈、强防腐、超级防冻、无燃爆、无毒、无腐、缓冲酸碱、热容量大、散热快且均匀、散热性强、无泡性、减震性强、可反应使用、成本低的特点,对人体、植物无危害,系一种环境友好型耐低温防腐防锈防冻液。

实例 25　多功能长效防冻液

【原料配比】

原　　料	配比(质量份)	
	1#	2#
软水	59	50
乙二醇	41	50
硅酸钠	3	2.8
磷酸二氢钾	0.3	0.25
苯并三氮唑	0.5	0.4
巯基苯并三氮唑	0.4	0.3
EDTA	1.5	1.2
PE-8100	1.5	1.5
黄色素	1.2	—
蓝色素	—	1.2

【制备方法】　将配方中的原料加入搅拌罐中,在常温常压下,搅拌至完全溶解,即可得产品。其冰点为-35℃,外观为蓝色。

【产品应用】　本品主要应用于汽车。

【产品特性】　本品制成的汽车防冻液,不含对人体及发动机有害的亚硝酸盐、硼砂和胺类添加剂,对发动机冷却系统各种非金属材料如橡胶管、密封材料和树脂无不良影响,制备该防冻液工艺简单,使用方便。

实例 26　多效能防冻液

【原料配比】

原　　料	配比(质量份)				
	1#	2#	3#	4#	5#
乙二醇	38.5	50.9	54.7	59.9	61

原 料	配比（质量份）				
	1#	2#	3#	4#	5#
水	61.5	49.1	45.3	40.1	39
甲基苯并三氮唑	0.2	0.2	0.2	0.2	0.2
TEE912	1	1	1	1	1
三乙醇胺	2.5	2.5	2.5	2.5	2.5
磷酸	10	10	10	10	10
亚硝酸钠	0.3	0.3	0.3	0.3	0.3

【制备方法】 将配方中的原料加入搅拌罐中,在常温常压下,搅拌至完全溶解,即可得产品。

【注意事项】 本品还可在产品加入中性绿或其他着色物质,使产品呈现其色彩。

【产品应用】 本品主要应用于汽车发动机。

【产品特性】

（1）防冻。本品具有凝固点低,可在-15～-60℃的温度段内的严寒气温下不结冰,是高寒地区机动车水循环系统的最佳冷却液。

（2）防腐。本品由于加入了高性能的活性剂和缓蚀剂及金属防腐剂,故对水循环起到了不腐蚀不老化,并对金属起到防锈保护作用。

（3）防污。本品由于采用高性能离子交换水配制,故不产生水垢,从而起到防止金属表面氧化,确保了水循环系统的热效率。

（4）防沸。本品由于加入了高效防沸剂,所以沸点在110～120℃不沸腾是高原地区最佳不冻冷却液。

（5）本品无毒、无味、不燃、不爆。

实例27 多效水箱防冻液

【原料配比】

原料	配比(质量份)		
	1#	2#	3#
乙二醇	70	80	75
邻苯二甲酸酐	1.9	1.5	2.5
三乙醇胺	2.5	2	1.5
苯甲酸钠	2.5	3	3.5
乙二醇单甲醚	10	8	5.5
水	19	20	18

【制备方法】 将原料组分混合均匀即制成本品防冻液。

【产品应用】 本品用于汽车、拖拉机等机动车水箱内。

【产品特性】 本品使用于汽车、拖拉机等机动车水箱内,本品防冻液抗氧性能好、腐蚀性小、去锈、去垢、不污染,能使汽车在−40℃环境下行驶,本品为通用型防冻液。

实例28 发动机防冻液(1)

【原料配比】

原料	配比(质量份)	
	1#	2#
乙二醇	400	600
苯并三氮唑	1.5	2.8
去离子水	500	300
钼酸钠	1.2	2
苯甲酸钠	12	24
水解聚马来酸酐	0.4	1.6

续表

原　料	配比（质量份）	
	1#	2#
2-巯基苯并噻唑钠	1.8	3
氢氧化钠	14	20
异辛醇	8	11
癸二酸	16.8	28.5
染料	适量	适量

【制备方法】 将乙二醇加入反应釜中,启动搅拌,在搅拌状态下加入苯并三氮唑,充分搅拌溶解。然后将去离子水在搅拌状态下缓慢加入反应釜中,再将钼酸钠、苯甲酸钠、水解聚马来酸酐、2-巯基苯并噻唑钠、异辛醇、癸二酸依次加入,搅拌透明。最后用剩余的氢氧化钠调整 pH 到 8.5~10,用余量的去离子水和染料一起加入反应釜,经检验合格后通过 1μm 的过滤器分装。

【产品应用】 本品主要应用于汽车发动机冷却系统。

【产品特性】 本品不含硼砂和硅酸盐,避免了硼砂和硅酸盐在乙二醇系防冻液中易产生沉淀而使防冻液不稳定的缺点,不采用胺类、硝酸盐、磷酸盐等对环境和人体有害的物质。通过各组分之间的相互作用,使所配制的防冻液具有稳定、防冻、抑沸、防腐防垢等优良性能,对汽车冷却系统进行了多层次的防腐保护。

实例29　发动机防冻液（2）

【原料配比】

原　料	配比（质量份）					
	1#	2#	3#	4#	5#	6#
乙二醇	60	70	80	60	70	80
乙醇	3	2	1	2	1	2

续表

原 料	配比（质量份）					
	1#	2#	3#	4#	5#	6#
亚硅酸钠	10	10	2.8	0.4	4	1
亚硝酸钠	0.8	0.8	0.5	0.4	0.8	0.3
氢氧化钠	0.2	0.2	0.3	0.3	0.4	0.2
苯甲酸钠	0.5	0.5	0.5	0.5	0.8	0.5
硼砂	0.4	0.4	0.3	0.3	0.6	0.3
三乙醇胺	1	1	0.4	1	0.8	0.6
苯并三氮唑	0.1	0.1	0.04	0.08	0.08	0.1
去离子水	24	15	15	35	21.6	15

【制备方法】 将配方中的原料加入搅拌罐中，在常温常压下，搅拌至完全溶解，即可得产品。

【产品应用】 本品主要应用于发动机。

【产品特性】 本品含有稳定的亚硅酸盐（不含磷酸盐），并给冷却系统提供卓越的抗腐蚀保护。其优点是：防凝结、过热、生锈和腐蚀，保护制冷系统的所有金属表面，包括铝制零件。不会损坏散热器软管、垫圈等橡胶部件，同时，还能防止产生过多的泡沫，防止由于水的硬度所引起的钙镁沉淀，从而避免在端部和堵塞部位形成热点。经检测本防冻液能达到-60℃左右而保持液态，沸点在108℃以上。

实例30 发动机冷却系统防冻液

【原料配比】

原 料	配比（质量份）
乙二醇	80
水	10
苯并三氮唑	2

原　　料	配比（质量份）
巯基苯并噻唑	2.5
硼砂	4
磷酸氢二钠	3.5
苯甲酸钠	4.5
氯化锌	1.2
氯化铅	3
氟化氢铵	1.5
壬氧基聚乙烯氧化乙醇	1.5
新型 EAE 金属缓蚀剂	5
螯合络合剂乙二胺四亚甲基膦酸	2
单齿络合剂柠檬酸	10
水	20

【制备方法】 取乙二醇、水、苯并三氮唑、巯基苯并噻唑、硼砂、磷酸氢二钠、苯甲酸钠、氯化锌、氯化铅、氟化氢铵、壬氧基聚乙烯氧化乙醇、新型 EAE 金属缓蚀剂、配制成 1 号液；取螯合络合剂乙二胺四亚甲基膦酸、单齿络合剂柠檬酸和水制成 2 号液,将 2 号液在搅拌下徐徐倒入 1 号液即配成所需防冻液。

【注意事项】 本品所述螯合络合剂选自氨基三亚甲基膦酸、乙二胺四亚甲基膦磷酸、甘氨酸二亚甲基膦酸、甲氨二亚甲基膦酸、1-膦酰基乙烷-1,2-二羧酸、1-膦酰基丙烷-1,2,3-三羧酸、2-膦酰基丁烷-1,2,4-三羧酸、水杨醛肟、安息香肟、辛酰基肌氨酸、十二酰基肌氨酸、十四酰基肌氨酸。

所述单齿络合剂选自水杨酸、酒石酸、柠檬酸、草酸、抗坏血酸、葡萄糖酸及钠盐、锌盐、乙酰丙酮、二巯基丙醇、硫醇、氨基硫脲。

【产品应用】 本品主要应用于发动机。

【产品特性】 本品制得的乙二醇型发动机冷却系统长效防冻液,工艺简便经济,性能稳定可靠,消除了水垢对发动机的危害作用,其稀释水可直接采用高硬度自来水,提高了防冻液的使用方便性,改善了体系对金属的防腐能力,具有显著的经济效益。

实例31 防冻冷却液

【原料配比】

原 料	配比(质量份)			
	1#	2#	3#	4#
水	100	100	100	100
乙二醇	90	100	100	100
苯并三氮唑	—	0.2	0.4	0.4
硼砂	—	1.2	3	1.5
硅酸钠	0.6	2	1.3	0.8
苯甲酸钠	—	0.5	1.1	0.8
桂皮酸	0.05	0.05	0.1	0.1
甘露醇	0.5	0.05	1	0.5
硝酸钠	—	0.5	1.4	0.8
癸二酸	0.8	1	1	0.8
二乙胺四乙酸二钠	—	0.15	0.07	0.12
消泡剂	0.04	—	—	—
氢氧化钠或氢氧化钾	适量	适量	适量	适量
磷酸三丁酯	—	0.05	—	—
聚乙二醇	—	—	0.05	—
甲基丙烯酸酯	—	—	—	0.03

【制备方法】 将水与乙二醇混合均匀,混合的温度为40~70℃,然后依次加入苯并三氮唑、硼砂、硅酸钠、苯甲酸钠、桂皮酸、甘露醇、硝酸钠、癸

二酸、聚乙二醇、甲基丙烯酸酯和二乙胺四乙酸二钠混合均匀,加入氢氧化钠和氢氧化钾调节 pH 值为 9~11,之后加入消泡剂,得到防冻冷却液。

【注意事项】　本品所述消泡剂可以为有机硅氧烷、聚乙二醇、失水甘油醚、甲基丙烯酸酯、磷酸三丁酯和乙酸钙中的一种或几种。

【产品应用】　本品主要应用于汽车水箱防冻。

【产品特性】　本品防冻冷却液中含有桂皮酸和甘露醇,能够显著地提高硅酸钠的稳定性,抑制硅酸钠的沉淀,从而大幅度地提高防冻冷却液的储存稳定性,进而提高对铝及铝合金腐蚀的抑制效果。例如,本品在 88℃ 的条件下,放置 5 周没有沉淀出现;而对比例制备的参比防冻冷却液在相同条件下放置 2 周后,出现絮状沉淀,说明本品防冻冷却液的储存稳定性更好,并且本品提供的防冻冷却液大幅度提高了对铝腐蚀的抑制效果。

实例32　汽车防冻液(3)

【原料配比】

原　　料		配比(质量份)		
		1#	2#	3#
1,2-丙二醇		454	610	—
1,3-丙二醇		—	—	500
纯净水		540	—	—
去离子水		—	380	—
		—	—	494
阻垢缓蚀剂	羧基亚乙基二膦酸	5	—	—
	氨基三亚甲基膦酸	—	8	—
	苯并三氮唑	—	—	5
抗氧化剂	对叔丁基邻二酚	1	—	—
	对羟基苯甲醚	—	2	—
	对苯二酚	—	—	1

【制备方法】 向反应罐中依次加入丙二醇,加入水,再加入阻垢缓蚀剂、抗氧化剂,经 2h 充分搅拌即可装桶。

【注意事项】 本品阻垢缓蚀剂为有机膦类阻垢缓蚀剂,优选为羧基亚乙基二膦酸、氨基三亚甲基膦酸或苯并三氮唑中的一种。

抗氧化剂为对苯二酚、对叔丁基邻苯二酚或对羟基苯甲醚中的一种。

【产品应用】 本品广泛应用于汽车、拖拉机、矿山机械、冷冻机组,以保证在冬天或低温下设备不被冻裂,能够正常运行。

【产品特性】 本品稳定性能高,不易挥发,不堵塞管道,且防冻、防锈、抗结垢性高。

实例 33　汽车防冻液(4)

【原料配比】

原　　　料	配比(质量份)	
	1#	2#
乙二醇	40	—
丙二醇	—	70
水	58.4	27.67
三乙醇胺	0.8	1.2
羟基亚乙基二膦酸(HEDP)	0.5	—
氨基多酰基亚甲基膦酸	—	0.75
水解马来酸酐	0.25	0.3
EDTA 或其钠盐	0.04	0.06
亚甲基蓝	0.01	0.01

【制备方法】

(1)将水加到可加热并带有搅拌的搪瓷釜或不锈钢釜,并进行搅拌。

(2)将三乙醇胺,有机磷酸、EDTA 或其钠盐、水解马来酸酐依次加入水中,不断搅拌,使其溶解,必要时可进行加热。

(3)缓缓地将乙二醇或丙二醇加到上述混合体系中,搅拌充分混匀。

(4)将亚甲基蓝染料加入混合液中,充分混匀,此时混合液的 pH 值为 8~9 之间。

(5)过滤即得防冻液。

【产品应用】 本品可适用于进口、国产各种汽车发动机的冷却系统。

【产品特性】 本品具有优良的防冻、防沸、防腐蚀、抗锈蚀、抗结垢、且能除去水箱污蚀,不易挥发,长期储存稳定。

实例34 汽车防冻液(5)

【原料配比】

原　　料	配比(质量份)
甘醇	5~80
水	16~90
重铬酸钾	0.05~0.2
亚硝酸钠	1~3
四硼酸钠	0.3~1
六偏磷酸钠	<0.01

【制备方法】

(1)向搅拌罐中加入水,加热至 40~60℃。

(2)取重铬酸钾、亚硝酸钠、四硼酸钠、六偏磷酸钠,加入水中,搅拌溶解。

(3)加入甘醇,搅拌混合。

(4)添加颜料,搅拌溶解。

【注意事项】 本品所述甘醇主要选自乙二醇、二乙二醇,丙二醇或者其混合物。最好选自乙二醇。

防冻液中,还可包括染料或颜料用于着色,在制造过程中,还可加适量(<0.01)的消泡剂磷酸三丁酯。

【产品应用】 本品广泛用于全国各地区的汽车、空调等冷却系统的防冻、防沸、防腐。

【产品特性】 本品生产工艺简单,设备要求低且能充分满足防冻、防腐要求的防冻液。

实例35 汽车防冻液(6)

【原料配比】

原　　料	配比(质量份)	
	1#	2#
乙二醇	700	400
水	200	520
甲基苯并三氮唑	0.5	0.4
苯并三氮唑	1	0.7
硝酸钠	1.6	1.2
钼酸钠	1.1	0.8
苯甲酸钠	13.2	9.6
癸二酸	13.2	9.6
十一碳二元酸	4.4	3.2
辛酸	3.3	2.4
氢氧化钾	15	10
磷酸(85%)	5.4	4
水解聚马来酸酐	0.8	0.6
消泡剂	0.012	0.016
染料	0.03	0.04

【制备方法】 将乙二醇打入反应釜,随后加入水,开始搅拌,随后加入甲基苯并三氮唑、苯并三氮唑、硝酸钠、钼酸钠,搅拌 10min 待溶解后加入苯甲酸钠,搅拌溶解 15min 后,加入癸二酸、十一碳二元酸、辛酸,同时加入氢氧化钾,溶液溶解呈透明状后加入磷酸,然后于搅拌的条件下用剩余氢氧化钾调节 pH = 7.8 ~ 8.5 之间,再加入水解聚马来酸酐,用剩余的水混合配方量的消泡剂和染料一起加入反应釜,最终形成一种浅绿色的透明溶液,经过检验合格后通过 0.5 ~ 1μm 的过滤器过滤后即为本品。

【注意事项】 本品所述染料颜色为绿色系、黄色系、红色系、蓝色系中的一种或多种混合。

【产品应用】 本品主要应用于汽车冷却系统。

【产品特性】 本品采用以有机物为主,无机为辅的新型配方,有机酸采用多品种复合,以便达到长效目的,无机材料摒弃了硼酸盐、硼砂、胺类等对环境和人员影响较大的物质,从而达到绿色环保的特点。

实例36 防腐防冻液

【原料配比】

原　　料	配比(质量份)		
	1#	2#	3#
乙二醇	48.9	49	48.6
去离子水	48.1	48	48.6
苯甲酸钠	0.9	0.9	0.9
磷酸氢二钠	0.6	0.4	0.6
苯并三氮唑	0.3	0.1	0.2
三乙醇胺	1	1.2	0.8
磷酸	0.37	0.37	0.27
消泡剂	0.01	0.03	0.03

【制备方法】

(1)取乙二醇、总量 80%的去离子水放入配料缸中,搅拌均匀,备用。

(2)另取余下的去离子水加热到温度 60~70℃,然后依次加入苯甲酸钠、磷酸氢二钠,搅拌均匀使各种组分完全溶解,再将苯并三氮唑、三乙醇胺加入完全溶解,然后将此混合物加入步骤(1)的配料缸中充分搅拌均匀。

(3)加入磷酸调节配料缸制备液的 pH 值至 8~10,加入消泡剂,控制泡沫的产生。

【产品应用】 本品主要应用于发动机冷却系统。

【产品特性】 本品依照多次进行腐蚀性和稳定性试验,经过筛选而得,用乙二醇和去离子水作为主要成分,经过物理及化学加工,控制组合物冰点,同时加入磷酸氢二钠和苯甲酸钠作为防腐剂,目的是提供长效防腐,价格低廉,无污染,同时加入苯并三氮唑,阻垢防腐剂三乙醇胺,具有很好的防腐防锈作用,同时不易产生沉淀及结垢。其中磷酸氢二钠作为 pH 值缓冲剂,同时又具有防腐、不易结垢的作用。本品有效地解决它对铜、钢、铁、铝、锡的腐蚀问题和储存中的沉淀问题,同时可显著解决组合物 pH 值稳定性的问题,同时还具有以下优良性能及特点,良好的散热能力,冰点低,为-35℃,适用于我国绝大部分地区使用,沸点高,可在炎热的夏季及高温季节使用,环保,无毒害,使用寿命长;泡沫体积小,消泡时间短,传热效率高。

实例 37　防腐抗垢防沸汽车冷冻液

【原料配比】

原　　料	配比(质量份)		
	1#	2#	3#
乙二醇	98.7	98.45	98.75
亚硝酸钠	0.25	0.48	0.25
硅酸钠	0.25	0.25	0.2
磷酸钠	0.15	0.2	0.48

原　料	配比（质量份）		
	1#	2#	3#
苯并三氮唑	0.05	0.05	0.05
硼砂	0.48	0.25	0.17
氯化亚锡	0.12	0.32	0.1

【制备方法】 将配方中的各原料加入搅拌罐中，在常温常压下，搅拌至完全溶解，即可得产品。

【产品应用】 本品主要应用于汽车发动机冷却系统。使用时,可按照冰点要求用水稀释后使用。

【产品特性】 本品不仅具有冰点低、防腐、阻垢功能,还具有高沸点、阻燃功能,因此,不但冬季防冻、夏季也可防沸,是一种长效防冻液。

实例38　硅型防冻液稳定剂

【原料配比】

1. 磷硅烷混合物

原　料	配比（质量份）					
	1#	2#	3#	4#	5#	6#
氯丙基三甲基硅烷	800	800	800	800	800	800
磷酸二甲酯	500	—	1002	700	—	—
磷酸二乙酯	—	700	—	—	700	700
正丁胺	6	6	6	6	—	—
N,N-二甲基苄胺	—	—	—	—	12	12
苄基三乙基氯化铵	20	20	20	30	—	—
四丁基溴化铵	—	—	—	—	20	30

2. 磷硅烷类稳定剂

原　　料	配比 (质量份)					
	1#	2#	3#	4#	5#	6#
水	1569.6	1569.6	1569.6	1569.6	1569.6	1569.6
氢氧化钾	475.2	480.2	500	485	480.2	490
磷硅烷混合物	800	920	1020	940	910	965
乙二醇	772.2	780.2	800	790	780.2	790

【制备方法】

(1)在2L不锈钢材质的反应釜中加入氯丙基三甲基硅烷、有机磷酸酯、有机胺催化剂和苄基三乙基氯化铵或四丁基溴化铵,通氮气冲压至0.15MPa,检验设备气密性,加热开启搅拌,升温至120℃,搅拌4~7h。

(2)取样分析其合成产品,此时打开氮气开关,控制氮气流量在0.6~1L/min,此时反应釜温度控制在150~170℃,通氮气时间为1~2h,脱除一些低沸点的氯化物和未反应的原料。

(3)在脱除氯化物反应结束后,用真空油泵对合成产物闪蒸,收取120±20℃馏分,即得磷硅烷混合物。

(4)水解皂化:在5L带有搅拌、冷凝管的三口烧瓶中,加入水、氢氧化钾,于50~80℃下在5~10min内缓慢加入磷硅烷混合物,并加入乙二醇和占反应物总质量1%~2%的硅藻土,搅拌1h。

(5)在85℃蒸出大部分甲醇和水后,再升温到115℃继续搅拌30min,并打开真空,在-0.08~-0.09MPa下脱除剩余微量甲醇和水,得到的产品用水稀释至25%~27%固含量,常规过滤得到磷硅烷类稳定剂。

【产品应用】 本品主要用作防冻液稳定剂。

【产品特性】 本品能在合适的温度下,有效提高反应的选择性和产率,关键是能够有效地降低产物中氯化氢的含量,得到适用于硅型防冻液用的稳定剂。

实例39　化雾防霜防冻液

【原料配比】

原　　料	配比（质量份）
磷酸钠	10
丙二醇	13
软水	32
松节油	1
纯甘油	33
酒精	4.5

【制备方法】　将原料各成分按比例混合均匀即制成本品防冻液。

【注意事项】　为了使液体具有芳香宜人的气味,可在上述成分的基础上,再加入适量日用香水,用量为各组成总量的 0.2%。

【产品应用】　本品用于各种机动车船、瞭望塔、门窗、仪器仪表的透视玻璃和浴室镜面的防雾防霜冻以及在低温下工作而不结霜的装置,如冰箱冰柜等。

将本品防冻液喷洒在被防护物表面,会在其上形成一层极薄的憎水保护薄膜,聚结的雾珠无法在上面附着,且形成的薄膜具有延温抗冻能力,低温下的水汽也不能在其上结成冰霜。

【产品特性】　本品不易挥发、无腐蚀性及毒副作用,气味芳香,长期储存不变质。通过对冬季汽车挡风玻璃、浴室镜面、家用电冰箱冷却冷藏室进行试验,结果表明直至最大相对温差 30℃ 条件下,可保持被防护物表面 5~7 天不起雾、不结冰霜,即玻璃能保持原有透明度,冰箱不结霜。

实例40　环保型汽车防冻防沸液

【原料配比】

原　　料	配比（质量份）
乙二醇	20

原　料	配比（质量份）
二乙二醇	20
丙二醇	30
重铬酸钾	2
硫酸钾	0.9
亚硝酸钠	1
六偏磷酸钠	0.1
水	26

【制备方法】　将乙二醇、二乙二醇、丙二醇、重铬酸钾、硫酸钾、亚硝酸钠、六偏磷酸钠,逐一加入水中,在搅拌器中搅拌溶解均匀即得成品。

【产品应用】　本品主要应用于汽车发动机散热防冻防沸。

【产品特性】　本品工艺简单,原料易得,成本低廉,但产品既抗冻,又抗沸,无毒、环保,具有较高的性能价格比,特别是低温工作性能好,可在-50～-60℃低温环境下工作。

实例41　机动车用防冻液

【原料配比】

原　料	配比（质量份）			
	1#	2#	3#	4#
超纯水	30	70	55.7	45.7
乙二醇	50	18	30	30
工业级甘油	15	10	10	20
防锈剂	3.7	1.29	3	3
亚硝酸钠	—	0.5	—	—
硅酸钠	0.8	—		

续表

原　料	配比（质量份）			
	1#	2#	3#	4#
甘氨酸	—	—	0.8	—
对羟基苯甲酸	—	—	—	0.8
磷酸氢二钠	0.25	—	0.25	—
氢氧化钠	—	0.15	—	0.25
1210 消泡剂	0.2	0.05	0.2	0.2
溴甲酚绿	0.05	0.01	0.05	0.05

【制备方法】　将配方中各原料依次加入搅拌罐中，在常温常压下，搅拌至完全溶解，即可得产品。

【注意事项】　本品中防霉剂选用硅酸钠、硝酸钠、亚硫酸钠、糊精、甘氨酸、对羟基苯甲酸、苯并三氮唑中的一种；pH 调节剂选用磷酸氢二钠或氢氧化钠；消泡剂选用 1210 消泡剂；色素选用溴甲酚绿。

防冻液的冰点为：-15～-60℃。

【产品应用】　本品主要应用于机动车。

【产品特性】

（1）由于防冻液配方中加入了工业级甘油，减少了对暖风管等橡胶的变性，延长了腐蚀性，并提高沸点。

（2）在-15～-60℃的范围内防冻液可以进行任意冰点的配制，能够满足各类使用需求。

实例42　内燃机车防沸、防冻冷却液

【原料配比】

原　料	配比（质量份）		
	1#	2#	3#
乙二醇	30	55	65

续表

原　料	配比(质量份)		
	1#	2#	3#
磷酸二氢钠	3.8	3.6	2
三乙醇胺	1.5	2	3
苯甲酸钠	2	1.6	1
钼酸钠	0.8	1	1.5
硅酸钠	0.3	0.2	0.1
苯并三氮唑	0.1	0.1	0.15
聚马来酸酐	0.15	0.1	0.05
乙二胺四亚甲基磷酸钠	0.3	0.1	0.1
工业水	加至100	加至100	加至100

【制备方法】　首先把苯并三氮唑用热水或乙醇溶解之后即可与其他药剂一起投入工业水中溶解、稀释到规定浓度,搅拌均匀即配得成品,必要时用氢氧化钠调节 pH 至大于8。

【产品应用】　本品不仅能在汽车、坦克、拖拉机和工程机械上使用,在大功率内燃机上也可以使用。

【产品特性】　本品缓蚀效率高;腐蚀速度慢,用工业水配制使用简便,凡符合铁路蒸汽机车锅炉给水水质标准的工业水都可以使用,而且可以使内燃机车和蒸汽机车一样在铁路沿线就地随时补水,从而使机车整备工作简化,运行效率大幅度提高。

实例43　内燃机水箱防冻防垢液
【原料配比】

原　料	配比(质量份)		
	1#	2#	3#
乙二醇	97	90	82

续表

原　　料	配比（质量份）		
	1#	2#	3#
橡椀栲胶饱和溶液	1	4	8
三乙醇胺饱和溶液	2	6	10

【制备方法】

（1）将固体橡椀栲胶在搅拌的条件下缓慢加入40℃的热水内,使橡椀栲胶溶解于水中,直至不溶解为止,制成40℃的橡椀栲胶饱和溶液,然后将其冷却至室温,虹吸上层清液备用。

（2）三乙醇胺饱和溶液的制备:将黏稠状的三乙醇胺加入水中,待发生分层后停止加入,虹吸上层清液(三乙醇胺饱和溶液)备用。

（3）将乙二醇、橡椀栲胶饱和溶液、三乙醇胺饱和溶液在搅拌状态下加入搅拌器内,加完后继续搅拌20min,即为防垢液原液,以铁制或玻璃容器加盖密封分装。

【产品应用】　本品适用于内燃冷却循环系统。

【产品特性】　本品不但具有防冻的效果,而且具有防垢、除垢的作用,对无结垢、轻微结垢和严重结垢的水箱可有选择性地使用,有利于热传递(散热),与水混溶后不产生泡沫,无结垢时可起到软化水质的作用,对多种机动车发动机的水循环系统均有防冻、防垢、除垢、防锈、防腐蚀的作用,可有效地提高机动车的工作效率,延长使用寿命。

实例44　汽车发动机防冻液

【原料配比】

原　　料	配比（质量份）
乙二醇	95
水	5
巯基苯并噻唑	0.2
氢氧化钾	0.18

续表

原　　料	配比(质量份)
磷酸二氢钾	1.5
邻苯二甲酸	0.24
间苯二甲酸	2.4
苯甲酸钠	1

【制备方法】　先将乙二醇、水、巯基苯并噻唑加入混合器内,搅拌溶解后,加入其他成分,搅拌溶解混合均匀,即得。

【产品应用】　本品主要应用于汽车发动机。

【产品特性】　本品防冻效果好,-40℃低温使用不结冻。不含胺类,不含亚硝酸铵,使用安全,不存在致癌问题。抑制腐蚀效果好,对铝无腐蚀,对钢和铸铁腐蚀甚微。

实例45　汽车防冻液(7)

【原料配比】

原　　料	配比(质量份)				
	1#	2#	3#	4#	5#
超纯水	29	87	77	67	47
乙二醇	68	10	20	30	51
防锈剂	1	1	1	1	0.7
防霉剂	0.6	0.6	0.6	0.6	0.5
pH调节剂	0.9	0.9	0.9	0.9	0.5
抗泡剂	0.45	0.45	0.45	0.45	0.28
色素	0.05	0.05	0.05	0.05	0.02

【制备方法】　将配方中各原料加入搅拌罐中,在常温常压下,搅拌至完全溶解,即可得产品。

【注意事项】　本品所用的超纯水是指水中电解质几乎全部去除，水中不溶解的胶体物质、微生物、微粒、有机物、溶解气体降至很低程度，25℃时，电阻率为 10MΩ·cm 以上，通常接近 18MΩ·cm。

【产品应用】　本品主要应用于汽车防冻。

【产品特性】　汽车防冻液实现自制后，可节约成本。技术范围内（-4.1～-68℃）汽车防冻液，可以自行配制任意冰点产品，以满足各类特殊要求。

实例46　全效多功能耐低温防冻液

【原料配比】

原　　料	配比（质量份）	
	1#	2#
乙二醇	30	40
二甲基亚砜	10	15
硼砂	1.8	2
钼酸钠	0.1	0.1
硝酸钠	0.16	0.16
磷酸钠	0.3	0.36
硅酸钠	0.56	0.66
苯并三氮唑	0.22	0.27
苯甲酸钠	2.1	2.6
2-巯基苯并噻唑钠	0.3	0.37
甲基苯并三氮唑钠	0.14	0.18
聚乙二醇(600)	0.12	0.14
氢氧化钠	0.19	0.18
乙二胺四乙酸二钠	0.17	0.17
亚甲基蓝	0.0009	0.0003
去离子水	加至100	加至100

【制备方法】 先将乙二醇和二甲基亚砜加入200L不锈钢罐中,启动搅拌,在搅拌状态下依次加入苯并三氮唑、聚乙二醇(600)、亚甲基蓝,充分搅拌至溶解。然后将去离子水在搅拌状态下缓慢加入罐中,再将硼砂、钼酸钠、硝酸钠、磷酸钠、硅酸钠、氢氧化钠、2-巯基苯并噻唑钠、甲基苯并三氮唑钠、乙二胺四乙酸二钠和苯甲酸钠依次在搅拌状态下加入,搅拌至完全溶解,最后于搅拌下调整pH值到9~10,最后形成淡蓝色透明液体,取少量溶液检验合格后,即可分装。

【产品应用】 本品主要应用于汽车冷却系统。

【产品特性】 本品配方组分之间的相互作用,有效地解决了硼酸盐和磷酸盐易生成沉淀物和硅酸盐在乙二醇系防冻液中不稳定的缺点,本品配方中没有亚硝酸盐,不会生成对人体有害的物质。使所配制的防冻液具有稳定、抑沸、高效防垢、高效防腐防锈、低温防冻和不燃不爆安全可靠的性能。尤其防腐性能异常突出。对汽车冷却系统所用的各种金属基材都进行了多层次的防腐保护。

通过本品的配方,使传统的防腐剂又有了一定的应用空间,对降低成本,改善防冻液的各种性能,适合现代汽车保养的进一步要求,具有积极的作用。

实例47 阻垢阻燃无腐蚀长效防沸防冻液

【原料配比】

1. 复合添加剂

原　　料	配比(质量份)
硼酸、硼砂及其混合物	0.5~5
小苏打或纯碱及其混合物	3~8
多聚磷酸盐	0~2
去离子水	90

2. 长效防沸防冻液

原 料	配比（质量份）
去离子水	30~45
甘油	45~65
低碳醇	0~5
复合添加剂	10~15
消泡剂	0.0001~0.001
荧光剂	0.001~0.01
水性颜料	0.001~0.01

【制备方法】

（1）复合添加剂的制备：将各组分溶于水，混合均匀即可。

（2）长效防沸防冻液的制备：将配方中的原料及制备好的复合添加剂加入搅拌罐中，在常温常压下，搅拌至完全溶解，即可得产品。

【产品应用】 本品主要应用于机动车冷却系统防冻。

【产品特性】 本品具有冰点低，最低可达-70℃，沸点高，通常高于110℃，最高可达150℃，可以长期对冷却系统起到防腐、阻垢、阻燃、防沸、防冻、防菌的良好作用，性能稳定、可靠。同时排放物易生物分解吸收对环境无污染。

实例48 新型多功能防冻液

【原料配比】

原 料	配比（质量份）					
	1#	2#	3#	4#	5#	6#
乙二醇	10	40	40	40	60	60
蒸馏水	10	58	58	58	38.1	38
三乙醇胺	0.5	0.8	0.8	0.8	1	1
多聚磷酸钠	0.1	0.2	0.35	0.25	0.3	0.25
水解马来酸酐	0.1	0.2	0.2	0.2	0.25	0.2

续表

原　　料	配比（质量份）					
	1#	2#	3#	4#	5#	6#
EDTA 或其二钠盐	0.01	0.08	0.03	0.03	0.04	0.03
亚甲基蓝	0.005	0.01	0.01	0.01	0.01	0.01

【制备方法】

（1）在可加热并带有搅拌的搪瓷反应釜或不锈钢反应釜中配制防冻液,按配方精确称取三乙醇胺、多聚磷酸钠、水解马来酸酐、乙二胺四乙酸、亚甲基蓝及乙二醇。

（2）将蒸馏水加入反应釜中,升温并开启搅拌。

（3）将三乙醇胺、多聚磷酸钠、水解马来酸酐、乙二胺四乙酸加入70~80℃的水中,不断搅拌,使其全部溶解。

（5）缓缓地加入乙二醇于混合液中,在搅拌的条件下,使其混合均匀。

（6）将亚甲基蓝染料剂加入到混合液中充分混均,调整其颜色和pH 值至 8~9。

（7）对产品进行检验,主要检验冰点、沸点、pH 值及颜色。

（8）对合格的防冻液进行灌装、贴标签、入库。

【产品应用】　本品可适用于进口及国产小轿车、中巴、大巴、小货车、大货车;汽油及柴油发动机、空调等。

【产品特性】　本品具有较优的防冻、防沸、防腐蚀、防锈、防结垢及除垢性能,且不易挥发、储存稳定、一般灌装一次防冻液三年内不用更换、配制方法简单、设备投资低,有颜色指示是一种较理想的防冻液。

实例49　新型防冻液

【原料配比】

原　　料	配比（质量份）			
	1#	2#	3#	4#
乙二醇	40	50	60	70

续表

原　　料	配比（质量份）			
	1#	2#	3#	4#
水	58.4	48.245	37.67	27.67
三乙醇胺	0.8	0.85	1.2	1.2
有机磷酸	0.5	0.55	0.75	0.75
水解马来酸酐	0.25	0.3	0.3	0.3
EDTA 或其钠盐	0.04	0.045	0.06	0.06
亚甲基蓝	0.01	0.01	0.01	0.01

【制备方法】

(1)将水加入可加热并带有搅拌的搪瓷釜或不锈钢釜中,并开启搅拌器。

(2)将三乙醇胺、有机磷酸、EDTA 或其钠盐、水解马来酸酐依次加入水中,不断搅拌,使其溶解,必要时可通过加热器加热。

(3)缓缓地将乙二醇加到上述混合体系中,搅拌充分混均。

(4)将亚甲基蓝染料加入混合液中,充分混合均匀,此时混合液的 pH 值为 8~9。

(5)抽滤,滤液即为防冻液。

【注意事项】　本品所述有机磷酸包括羟基亚乙基二膦酸(HEDP)、氨基多酰基亚甲基膦酸(PAPEMP)、1,2,4-三羧酸,2-羟基膦酰基乙酸(HPA),优选羟基亚乙基二膦酸。

本品添加有机磷酸或有机磺酸可有效地阻止由于钙和镁盐的结垢,提高防冻液的抗碱程度,同时提高防冻液的贮存稳定性,确保可直接采用高硬度的自来水作为防冻液的稀释水。

本品中使用金属离子螯合物 EDTA 或其二钠盐,能有效地除垢、防垢和消除锈蚀,确保防冻液不被污浊。

本品添加水解马来酸酐和三乙醇胺,以形成缓冲体系,有效地调节防冻液的 pH 值,提高防冻液的抗酸碱能力,以达到防腐和储存稳定性能。

【产品应用】 本品可适用于进口和国产各种汽车发动机的冷却系统。

【产品特性】 本品防冻液具有优良的防冻、防沸、防腐蚀、抗锈蚀、抗结垢,且能除去水箱污浊,不易挥发,长期储存稳定。本品制备方法简单,化学物品全部来自国内,且为常用试剂,设备投资低,不失为一种较理想的制备多功能防冻液的方法。

实例50 新型汽车防冻液

【原料配比】

原　　料	配比(质量份)
乙二醇	94.15
三乙醇胺	0.2
硼砂	3
苯并三氮唑	0.8
三硝基苯酚	0.15
氢氧化钠	0.3
硝酸钾	0.25
亚硝酸钠	0.15
硅酸钠	1

【制备方法】 首先将三硝基苯酚用热水溶解,然后把硼砂、硅酸钠混配均匀,再把硝酸钾、亚硝酸钠、三乙醇胺、苯并三氮唑、氢氧化钠倒入乙二醇中搅拌均匀后,再把所有混配材料搅拌在一起,溶解于乙二醇中,所有材料溶解均匀后产品即完成。

【产品应用】 本品适合所有汽车发动机冷却系统,也适用于柴油发电机组的冬季防冻。

【产品特性】 本品防冻液增加了苯并三氮唑的含量,提高了防冻液和金属间的热传导速度,目前的自来水含氯量都很高,防冻液中增加了苯并三氮唑的比例,以提高防腐性能。

实例51　长效防冻液

【原料配比】

原　　　料	配比(质量份)
乙二醇	45
缓蚀剂	0.005
绿色染料	0.001
水	加至100

【制备方法】　将乙二醇、缓蚀剂、绿色染料混合后,加水到100份配制成本品防冻液。

【注意事项】　本品中的缓蚀剂为含磷酸或磷酸盐的无机溶剂或采用商品用于金属防腐蚀的缓蚀剂,颜料或色素可采用无机盐或有机染料,这些都可参照常规技术进行选择。

【产品应用】　本品可用于汽车或内燃机水箱。

【产品特性】　汽车或内燃机水箱采用本品的防冻液,可使冷却液凝固点降到-50℃以下,且随防冻液使用中不断减少到40%(体积分数)后,添加水继续使用,并可持续添加二次以上水,因而延长了防冻液的使用寿命,降低了汽车的运行费用。

实例52　阻垢阻燃无腐蚀防沸防冻液

【原料配比】

原　　　料		配比(质量份)
去离子水		35~45
乙二醇		40~50
壬二酸二辛酯		5~8
二乙二醇单甲醚		8~10
阻垢剂	三聚磷酸钠	0.2~0.3
	多聚磷酸钾	0.4~0.5
	丙烯酸盐	1.1~1.2

原　　料		配比(质量份)
阻燃剂	磷酸二氢铵	0.2~0.4
	次磷酸钾	0.2~0.35
	亚磷酸钠	0.3~0.45

【制备方法】

(1)阻垢剂的配制:将三聚磷酸钠、多聚磷酸钾、丙烯酸盐分别加入已加热至60℃的去离子水中搅拌,保温30min后,冷却至常温。

(2)阻燃剂的配制:将磷酸二氢铵、次磷酸钾、亚磷酸钠分别加入已加热至50℃的去离子水中,搅拌加热至沸腾,保温20min,再冷却至常温。

(3)成品的配制:在乙二醇中分别加入去离子水、壬二酸二辛酯、二乙二醇单甲醚,搅拌均匀,加热至110~130℃,并保温30min,冷却至常温,再分别加入阻垢剂和阻燃剂,搅拌均匀,形成产品。

【产品应用】　本品用于发动机冷却水中添加的防沸、防冻液。

【产品特性】　本品防冻液不仅具有冰点低、防腐、阻垢功能,还具有高沸点、阻燃功能,因此,不但冬季可以防冻,而且夏季可以防潮,从而拓宽了使用季节,由于增加了阻燃功能,使容易着火的防冻液在使用中比较安全。

第四章　制动液

实例1　高级汽车制动液

【原料配比】

原　料	配比（质量份）	
	1#	2#
硼酐	32	25
三乙二醇甲醚	60	50
二乙二醇	4.3	10
丙三醇	—	4
二乙醇丁醚	3	—
乙二醇烷基醚	0.5	0.5
环氧丙烷	0.5	—
磺酸铵	—	0.5

【制备方法】　将各原料投入反应容器中，于温度为150~160℃、压力为0.2~0.3MPa下反应5h后，过滤、分装即得成品。

【产品应用】　本品主要用作汽车制动液。

【产品特性】　本品具有优异的高温抗气阻性能和低温流动性，能在高达280℃的温度下正常工作，不产生气阻，制动可靠，在-50℃的低温下仍能正常工作，制动灵敏；对多种金属腐蚀性小，防腐、防锈、抗氧化能力强；与橡胶的配伍性好，皮碗溶胀小密封严；产品的pH值为中性，抗水性能好。该产品适用于各种类型的机动车辆，制动更灵敏、更可靠。由于具有优异的高温抗气阻性能和低温流动性，在使用时完全不受气候、季节条件的限制。

实例2　高速车制动液

【原料配比】

原　　料	配比(质量份)
蓖麻籽油	30
正丁醇	20
乙醇	35
丙酮	13
氢氧化钾	2

【制备方法】　将原料搅拌溶解均匀,静置72h后,即可得到产品。

【产品应用】　本品主要用作汽车制动液。

【产品特性】　本品具有生产成本低,原料来源广,使用温度范围宽,对人无毒无害,对制动设备无腐蚀等优点,该生产工艺流程简单,投资少,耗能少。

实例3　合成刹车油

【原料配比】

1. 二甘醇丁醚

原　　料	配比(质量份)
丁醇	250
三氟化硼—乙醚溶液	200
环氧乙烷	600

2. 合成刹车油

原　　料	配比(质量份)
异丙二醇聚醚	30
二甘醇丁醚	65
三乙醇胺	1

原　料	配比（质量份）
2,6-二叔丁基-4-甲基苯酚	0.3
润滑油添加剂 T706	0.3
2-氨乙基十七烯基咪唑啉十二烯基丁二酸盐	1.5
防老剂 4010NA	1.4
丁醇钠	适量

【制备方法】 取丁醇、三氟化硼-乙醚溶液共同加入反应釜,加热控制温度在 75~80℃,然后加入环氧乙烷反应后,产物用丁醇钠中和,蒸馏回收丁醇(115~120℃)及乙二醇单丁醚(168~173℃),所得下脚高沸物为粗品,常压蒸馏收集 230~231℃ 馏分,即得二甘醇丁醚。

取异丙二醇聚醚、二甘丁醇醚,搅拌加热至 70℃ 加入三乙醇胺,搅拌保温(70℃)反应 45min,加入 2,6-二叔丁基-4-甲基苯酚、T706、2-氨乙基十七烯基咪唑啉十二烯基丁二酸盐、4010NA 搅拌均匀后,静置 30min,即得成品。

【产品应用】 本品主要用作汽车制动液。

【产品特性】 本品与现有产品比可谓是"全天候"刹车油,在炎热的天气,不会产生气阻,在寒冷天气,又保证有一定的流动性。无污染,生产工艺简单,产品具有高沸点,黏度指数高,凝固点低,对金属、橡胶、塑料的腐蚀性、浸透性小等优点。

实例4　合成制动液
【原料配比】

原　料	配比（质量份）		
	1#	2#	3#
混乙二醇甲醚	50	60	81.5

原　　料	配比（质量份）		
	1#	2#	3#
混乙二醇乙醚	40	33	10
硼酸	3.5	4.7	6
苯并三氮唑	0.08	0.08	0.1
十二烯基丁二酸	0.12	0.12	0.2
4,4-二羟基二苯丙烷	0.07	0.1	0.1
聚乙二醇	0.68	1	1.1
二丙醇胺/三丙醇胺混合物	0.55	1	1

【制备方法】

(1)将混乙二醇甲醚、混乙二醇乙醚打入酯化调和釜内,升温搅拌,取样进行色谱分析,再将硼酸投入釜内进行酯化,同时开真空泵升温脱水,温度 130 ~ 170℃,真空度 0.07 ~ 0.098MPa,回流率控制在10% ~ 70%内。

(2)将上述酯化物进行脱气拔轻,温度在 140 ~ 180℃,真空度在0.08MPa 以上,回流率:50% ~ 100%,定期取样检测,当其平衡回流沸点≥250℃,-40℃运动黏度≤1500mm²/s 时,进行冷却。

(3)将上述脱气拔轻冷却物放入成品釜内进行调和,釜温为 60 ~ 120℃时加入添加剂苯并三氮唑、十二烯基丁二酸、4,4-二羟基二苯丙烷、聚乙二醇、二丙醇胺/三丙醇胺混合物,进行保温搅拌 1 ~ 2h。pH值为 7.0 ~ 11.5,平衡回流沸点 > 250℃,湿沸点 > 163℃,水分含量 < 0.2%。

(4)将上述产品进行检测,调整,最后过滤包装。

【注意事项】　本品混乙二醇甲醚组成为:三乙二醇甲醚和四乙二醇甲醚的含量≥70%,其余为一乙二醇甲醚、二乙二醇甲醚。

混乙二醇乙醚中:三乙二醇乙醚和四乙二醇乙醚的含量≥70%,其余为一乙二醇乙醚、二乙二醇乙醚。

【产品应用】 本品主要应用于各类进口及国产轿车、公共乘用车和采用液压制动的载重汽车。

【产品特性】 本品具有优良的高温抗气阻性能和防止制动系统锈蚀的性能,制动系统橡胶件有很好的配伍性,适用于各类进口及国产轿车、公共乘用车和采用液压制动的载重汽车。对汽车的安全性可起保障作用。

实例5 机动车制动液

【原料配比】

原　　料	配比(质量份)
多聚体混合物	424
三乙二醇	126
三乙二醇单甲醚	80
二乙二醇单丁醚	250
二乙二醇单乙醚	70
二乙二醇单甲醚	50
防老剂4020	1
双酚A	2
2,6-二叔丁基对甲苯酚	1
苯并三氮唑	2
苯基二丁基亚磷酸酯	2
磷酸三丁酯	2
洗净剂6503	2
三乙醇胺	4
三丁胺	4
荧光增白剂OB-1	0.001

【制备方法】 依次将多聚体混合物、三乙二醇、三乙二醇单甲醚、二乙二醇单丁醚、二乙二醇单乙醚、二乙二醇单甲醚加入调和釜内，升温至 50℃，边搅拌边依次加入防老剂、双酚 A、2,6-二叔丁基对甲苯酚、苯并三氮唑、苯基二丁基亚磷酸酯、磷酸三丁酯、洗净剂、三乙醇胺、三丁胺、荧光增白剂 OB-1，搅拌均匀，取样检测无固体悬浮物后，升温至 110℃、减压至 7500Pa，蒸出副产物 50kg。取样、过滤、检测。

【产品应用】 本品主要应用于各类进口及国产轿车、公共乘用车和采用液压制动的载重汽车。

【产品特性】 本品对机动车的安全行驶起着保障作用。生产工艺简单，适用于工业化连续生产，成本低、经济效益高。组分中添加的荧光增白剂 OB-1 具有防伪功能。

实例6 硼酸酯制动液

【原料配比】

1. 酯化液

原　　料	配比（质量份）		
	1#	2#	3#
硼酸	1	1	1
二乙二醇	40	55	45

2. 基础液

原　　料	配比（质量份）		
	1#	2#	3#
酯化液	1	1	1
二乙二醇单甲醚	0.72	0.45	0.6
二乙二醇单丁醚	0.48	1.05	0.49

3. 制动液

原　　料	配比(质量份)		
	1#	2#	3#
3-二乙醇氨丙基硅烷	0.9	0.4	0.8
磷酸三丁酯	0.3	0.8	0.45
二正丁胺	0.4	0.2	0.21
亚硝酸钠	0.01	0.025	0.016
苯并三氮唑	0.25	0.15	0.19
双酚A	0.5	0.8	0.7
PEG600	0.6	—	0.7
PEG700	—	0.8	—
三乙醇胺	0.6	0.4	0.45
基础液	加至100	加至100	加至100

【制备方法】

(1)合成酯化液:将二乙二醇泵入反应蒸馏釜,加入硼酸,并加入硅胶或沸石分子筛强化蒸馏剂;升温至128~138℃,同时启动真空泵,打开釜顶回流冷凝水;调节釜内残压和回流冷凝水量,控制酯化反应过程中冷却回流器的出口温度不高于120℃;随着反应进行,逐渐增大真空度,直到釜内残压维持在-0.085~0.095MPa;当反应釜内的抽出物不再增加时,关闭釜顶回流冷却水,待回流冷却器出口温度降至25~35℃时,即达反应终点,然后从釜底抽样检测含水量,当含水量<0.1%时,即得合格的酯化液。

(2)调配基础液:将稀释剂二乙二醇单甲醚、二乙二醇单丁醚、三乙二醇单醚其中的一种或一种以上混合物泵入调和罐,然后加入按步骤(1)制得的酯化液中,启动夹套冷却水,待罐内温度降至50~60℃时,即得基础液。

（3）调配制动液:将各种添加剂加入基础液中,维持搅拌 30~45min,冷却至常温即可。

【产品应用】 本品主要用作汽车制动液。

【产品特性】 本品改进了硼酸酯化的生产方法,最优化地调整产品配方,大幅度降低产品成本,改进添加剂配方技术,克服了制动液可能引起的橡胶收缩密封不严的问题,提供了一种优良的协同防蚀配方,对各种金属具有良好的防蚀效果。

实例7 汽车制动液

【原料配比】

原 料	配比（质量份）	
	1#	2#
硼酐	32	34
多乙二醇甲醚	60	50
二甘醇	4.3	10
二乙醇二丁醚	3	—
丙三醇	—	4
乙二醇烷基醚	0.5	0.5
环氧丙烷	0.5	—
磺酸铵	—	0.5

【制备方法】 将原料投入到反应容器中混合,在温度120℃、压力为0.2MPa 条件下反应 4h 后,冷却至常温,然后过滤、分装即成成品。

【产品应用】 本品主要用作汽车制动液。

【产品特性】 本品所采用的各种原料均为普通的化工产品,生产方法操作简单,生产过程一步完成,简化了生产程序,制造技术易于掌握,提高了生产效率,保证了产品质量,降低了制造成本。

实例8　新型汽车制动液

【原料配比】

原　　料	配比(质量份)
异丙二醇聚醚	28
二甘醇乙醚	67
二乙醇胺	1.5
甲基苯酚	0.5
T706	0.5
十二烯基丁二酸盐	2

【制备方法】　取异丙二醇聚醚、二甘醇乙醚,搅拌加热至75℃加入二乙醇胺,搅拌保温(75℃)反应60min,加入甲基苯酚、T706、十二烯基丁二酸盐搅拌均匀后,静置40min即得成品。

【产品应用】　本品主要用作汽车制动液。

【产品特性】　本品具有优异的高温抗氧阻性,良好的低温流动性,抗吸水效果显著,浸透性小,黏度指数高、凝固点低,对铜、黄铜、铸铁、铅、钢和镀锡皮等金属无腐蚀,对橡胶皮碗不溶胀,无污染,生产工艺简单等优点。

第五章　合成汽油

实例1　车用复合甲醇汽油

【原料配比】

1. 复合添加剂

原　　料	配比（质量份）		
	1#	2#	3#
乙醇	25	38	33
二茂铁	0.003	0.005	0.004
甲苯	8	16	12
吐温-80	3	8	5
丙酮	3	8	6
乙醚	8	18	13
异丙醇	19	31	25
乙酸乙酯	0.009	0.015	0.012

2. 复合甲醇汽油

原　　料	配比（质量份）
甲醇	5
汽油	95
复合添加剂	1

【制备方法】

(1)复合添加剂的制备:将复合添加剂中各原料充分混合均匀即可。

(2)复合甲醇汽油的制备:将甲醇、汽油、复合添加剂混合均匀即可,可以进行适当的搅拌,复合添加剂的总用量按照夏季用量少,冬季用量多,春、秋季用量适中的原则使用。

【产品应用】 本品主要用作车用燃料。

【产品特性】 本品复合添加剂是一种由醚类互溶剂、节能消烟助燃添加剂、抗腐蚀剂、抗氧化剂、抗磨添加剂、乳化剂、降凝剂等复合而成,经合理配伍作为本品车用复合甲醇汽油的添加剂,具有稳定性好、燃烧安全、动力性强,可有效提高复合甲醇汽油的辛烷值,提高汽油的抗爆性,混合气热效率高等优点,可大大降低汽油的生产成本。

实例2 车用高比例甲醇汽油

【原料配比】

原　　料	配比（质量份）				
	1#	2#	3#	4#	5#
甲醇	700	700	750	750	800
石油醚（馏程 30~60℃）	2	1	1	1	3
正戊醇	—	—	4	—	—
异戊醇	3	5	—	4	9
异丙醇	—	—	—	4	—
正丁醇	—	—	—	—	7
叔丁醇	4	3	4	—	—
仲辛醇	0.8	0.8	0.8	0.8	—
硼酸三甲酯	—	—	—	0.005	—
过氧化锌	—	—	0.005	—	—
高锰酸钾	0.005	0.005	—	—	0.05
乙二醇甲醚	0.19	0.19	0.19	0.19	0.8
金属钝化剂 T1201	0.005	0.005	0.005	0.005	0.15
90#国标汽油	145	150	110	100	20

原　　料	配比（质量份）				
	1#	2#	3#	4#	5#
2-甲基丁烷	—	—	—	30	—
戊烷	14.5	—	25	—	36
庚烷	—	—	—	—	40
己烷	—	80	25	50	—
120#溶剂油	70	25	40	25	24
200#溶剂油	43.5	25	30	25	24
甲苯	17	10	10	10	36

【制备方法】　将甲醇加入混合罐中,依次加入其余各组分,混合均匀即可。

【产品应用】　本品主要应用于车用燃料。

【产品特性】　使用本品配制的甲醇汽油进行整车台架实验,由实验数据可知:甲醇汽油与93#国标汽油相比,功率不下降,0~80km/h加速时间与93#国标汽油相当。

在排放性能方面,尾气排放中 CO、HC 化合物比使用汽油时减少 70%。

本品冷启动性能好,在-25℃,轿车能够正常启动。

实例3　车用高清洁甲醇复合汽油

【原料配比】

1. 车用高清洁甲醇复合汽油

原　　料	配比（质量份）		
	1#	2#	3#
甲醇	50	35	50
90#汽油	50	40	50

续表

原　料	配比（质量份）		
	1#	2#	3#
丙酮	1.5	1.5	2
异丙醚	3.5	2	4
异丙醇	1.5	1.2	2.8
异戊醇	1.5	1.2	2.8
叔丁醇	1.5	1.2	2.8
硝酸亚铈	2.5	2.5	2.8
合成添加剂	5	6	6

2. 合成添加剂

原　料	配比（质量份）		
	1#	2#	3#
活性氧化锌	20	10	23
过氧化钠	5	3	6
环烷酸铁	8	5	10
硝酸异丙酯	12	8	15
三乙胺	20	15	23
二甲苯	35	35	40

【制备方法】

(1)将硝酸亚铈与甲醇按比例混合、溶解，调制生成母液 A。

(2)母液 A 与汽油按比例混合、溶解，调制生成母液 B。

(3)将丙酮、异丙醚、异丙醇、异戊醇和叔丁醇依次按比例加入母液 B 中混合、溶解，调制生成母液 C。

(4)最后将合成添加剂缓慢加入母液 C 中，混合均匀、溶解后，再持续搅拌 60min，静置 30min。

（5）检测属性、将性能参数调整至规定标准、再检测，合格后即得到车用高清洁甲醇复合汽油。

【产品应用】 本品主要用作车用燃料。

【产品特性】 本品技术系统性好、工艺性好、兼容性好、安定性好、经济性好、环保性好。产品成本低廉，具有良好的启动性能、动力性能、燃烧性能、抗爆性能、抗腐蚀性能、清洁性能和节油性能；彻底解决了甲醇汽油原有的对紫铜的腐蚀性和对橡胶的溶胀性问题。与现行石化汽油相比，油耗率低，尾气排放明显减少，能与现行石化汽油任意混合使用，无须改变现有车辆发动机系统结构，并能有效清除发动机的积炭和胶质，长期使用能提高发动机的使用寿命。

实例4　车用合成汽油

【原料配比】

原　　料	配比（质量份）
甲醇	1000
甲苯	8
乙酸乙酯	2.5
过氧化锌	0.7
六甲基磷酰三胺（HMPA）	0.2
甘油酯	3
辛烷值调节剂	0.3
二甲苯胺	0.4

【制备方法】

（1）将甲醇放入反应釜内，加入甲苯，并开始搅拌。

（2）向步骤（1）所得溶液中加入乙酸乙酯。

（3）向步骤（2）所得溶液中加入过氧化锌。

（4）向步骤（3）所得溶液中加入HMPA。

（5）将甘油酯、辛烷值调节剂、二甲苯胺三者单独用一小容器混合均匀。

(6)将步骤(5)所得溶液加入步骤(4)所得溶液中,然后继续搅拌 10min。

(7)将成品罐装入罐,密封存放 8h 后即可使用。

【产品应用】　本品主要用作车用燃料。

【产品特性】　本品是以工业甲醇为主燃剂的车用合成汽油,成本低廉,与现有汽油相比价格要低很多,且安全性高,不会给人体带来伤害。有芳香气味,无烟排放,燃烧充分无积炭,热值高、油耗低,是理想的替代产品,完全可以替代现有汽油使用。

实例5　车用环保复合清洁汽油

【原料配比】

原　料	配比(质量份)					
	1#	2#	3#	4#	5#	6#
石脑油	48	54.67	51	49	48	50.67
甲醇	32	33.99	35	38.33	33.2	38.33
石油醚	1.3	2.67	2	1.8	1.5	1.5
异辛醇	12	6	7	7	7	6.5
无水乙醇	6.7	2.67	5	3.87	10.3	3

【制备方法】　将石脑油和甲醇加入混合罐中,然后加入其余原料混合搅拌均匀即得本品。

【产品应用】　本品主要用作车用燃料。

【产品特性】　本品实现了燃料汽油主原料来源的转移和整个产品成本的降低,其成本能降低近 10%,其功能和现有汽油相当;由于其只使用 50%左右的石脑油,所以具有节能的优点;同时使用本品产生的结焦和积炭很少且硫含量在 0.01%以下,故而还具有清洁环保的效果。

实例6 车用环保型甲醇汽油

【原料配比】

原　　料	配比(质量份)			
	1#	2#	3#	4#
甲醇	40	40	35	1
石脑油	—	50	—	—
汽油	50	—	—	89
溶剂油	—	—	55	—
乙烷	0.25	0.3	0.3	0.1
正己烷	0.3	0.1	0.3	0.3
甲基叔丁基醚	3.6	4.5	3	5
乙醇	0.6	0.3	0.8	0.7
2,2-二甲基丁烷	0.1	0.1	0.1	0.05
叔丁醇	0.2	0.1	0.3	0.3
正丙醇	0.2	0.3	0.3	0.1
2-乙基-1-乙醇	0.24	0.1	0.3	0.28
甘醇	0.5	0.5	0.45	0.2
1,3-二羟基丁烷	0.15	0.1	0.15	0.15
新戊二醇	0.6	0.65	0.8	0.3
1,6-二羟基己烷	0.1	0.15	0.15	0.15
三羟甲基丙烷	0.5	0.2	0.5	0.5
季戊四醇	0.5	0.5	0.5	0.3
二异丙醚	0.75	0.8	0.5	0.8
2-乙二氧基乙酸乙酯	0.3	0.3	0.3	0.1
硝酸异丙酯	0.25	0.3	0.3	0.1
丙酮	0.45	0.5	0.5	0.2

原　料	配比（质量份）			
	1#	2#	3#	4#
丙二酸乙酯	0.2	0.1	0.2	0.2
碳酸二苯酯	0.15	0.05	0.2	0.15
腐蚀抑制剂102TB	0.03	0.02	0.03	0.01
防溶胀剂107PT	0.03	0.03	0.02	0.01

【制备方法】　在常温常压下,将存储于各存储罐(基础油存储罐、甲醇存储罐、添加剂存储罐)中的原料通过定量泵、流量计按其配比分别定量加入管道混合器中进行混合,制成成品甲醇汽油,并将成品储存于成品甲醇汽油储存罐。

【产品应用】　本品主要用作车用燃料。

【产品特性】　本品辛烷值高。燃料有害物的含量少。抗氧化和安全性较好。燃烧充分。这样就大大地降低了尾气中有害物的排放,同时由于碳氢化合物排放量的降低使发动机气缸内的积炭也会明显减少,延长了发动机的使用寿命。

本品可以与各型号汽油、乙醇汽油等任意比例混溶使用,并且在添加前后无须清洗油箱,使用方便。

实例7　车用甲醇汽油(1)

【原料配比】

原　料	配比（质量份）				
	1#	2#	3#	4#	5#
甲醇	15	30	40	80	40
乙醇	3	5	3	3	5
碳五溶剂	10	—	—	—	20
石脑油	—	15	—	—	—

续表

原　　料	配比（质量份）				
	1#	2#	3#	4#	5#
石油醚	—	—	20	10	—
无铅汽油	70	45	30	—	30
乙二醇一甲醚	0.1	—	—	—	—
乙二醇二乙醚	—	0.5	1	1.5	—
异丁醇	0.2	2	3	2	1
异丙醇	0.5	0.5	0.5	0.5	
正丙醇	1	1.5	2	2.5	3.5
辛烷	0.1	0.3	0.2	0.2	0.2
2,6-二叔丁基对甲酚	0.1	0.2	0.3	0.3	0.1
丁酮	—	—	—	—	0.1
环己烷	—	—	—	—	0.1

【制备方法】 在常温常压下,将原料加入调和罐中,通过管道泵循环1~2h,充分调和均匀即为成品。

【产品应用】 本品主要用作车用燃料。

【产品特性】

(1)节能:甲醇可以从天然气、石油、煤、木材及其他生物质来制取,其中从煤制取甲醇在我国有充分的资源保障,从生物质来制取甲醇具有可再生性。本品甲醇的添加量最高达80质量份,因而减少了车辆对石油资源的消耗,有利于节约能源且降低了成本。

(2)环保:本品的含氧量较高,燃烧完全,大大减少了HC的排放,因H/C大,其CO排放量明显降低,属清洁燃料。有利于减少大气污染,保护环境。

(3)高效:本品从根本上克服了现有技术普遍存在的腐蚀性大、热值低、易产生气阻、蒸发潜热大、易分层等缺点,车辆可直接使用,亦可与国标汽油混合使用,辛烷值高(RON)、动力性强、安全高效。

实例8　车用甲醇汽油(2)

【原料配比】

1. 甲醇汽油

原　　料	配比(质量份)					
	1#	2#	3#	4#	5#	6#
汽油	20	25	35	28	43	48
甲醇	70	55	50	60	40	30
轻烃	5	15	10	5	10	15
添加剂	5	5	5	7	7	7

2. 添加剂

原　　料	配比(质量份)					
	1#	2#	3#	4#	5#	6#
增溶剂	1.5	1.8	3	1.5	3.3	5
抗乳化剂	1	0.5	0.5	1	0.75	0.5
防冻剂	1	0.5	0.5	1	0.75	0.5
提高热值剂	0.5	0.6	0.5	1	0.75	0.5
增塑剂	0.2	0.15	0.05	0.5	0.225	0.05
抗氧化剂	0.1	0.05	0.05	0.2	0.125	0.05
稳定剂	0.3	0.6	0.2	0.8	0.5	0.2
防腐剂	0.4	0.8	0.2	1	0.6	0.2

【制备方法】　首先,将汽油与轻烃按比例混合备用;然后,将添加剂的各组分按比例混合备用;最后,在甲醇配料储槽中按比例加入甲醇,并在搅拌下加入添加剂和汽油与轻烃的混合物,搅拌1~3h,得到的均一混合物即为甲醇汽油。

【**注意事项**】 所述增溶剂为石油醚、邻二甲苯、丁酮、环己酮、乙酰丙酮、异丁酸乙酯、碳酸二乙酯中的任意一种或其中的混合物。

所述抗乳化剂为正丁醇或仲丁醇或两者的混合物。

所述防冻剂为异丙醇。

所述提高热值剂为庚醇、异丙醚、十二烷、2,2,4-三甲基戊烷、1,2-二溴乙烷中的任意一种或其中的混合物。

所述增塑剂为油酸与二丁胺、甘油三乙酸酯、二甲酚中的任意一种或两种的混合物。

所述抗氧化剂为对甲氧基酚或二甲酚或两者的混合物。

所述稳定剂为异丁胺。

所述防腐剂为亚硝酸二环己胺与异丙醇、二丁胺、甘油三乙酸酯中的任意一种或两种的混合物。

【**产品应用**】 本品适用于各种点燃式发动机使用。

【**产品特性**】 本品所需原辅料来源广泛，价格便宜，适宜批量生产；醇油互溶性好，储运不易分层；具有节能减排、动力强劲、噪声低、高温无气阻、低温冷启动良好、使用不积炭等优良性能；适用于各种点燃式发动机使用，且使用时无须改动汽车发动机和加油设备，可以与各种牌号的普通汽油及乙醇汽油任意混合使用；汽车尾气排放清洁环保。

实例9 车用甲醇清洁汽油(1)

【**原料配比**】

1. 车用甲醇清洁汽油

原　　料	配比（质量份）		
	1#	2#	3#
汽油	9	11	14
甲醇	8	7	5
异戊烷	3	2	1
添加剂	0.003~0.006	0.003~0.006	0.003~0.006

2. 添加剂

原　　料	配比（质量份）					
	1#	2#	3#	4#	5#	6#
异庚醇	15	15	15	15	15	15
26 号液体石蜡	50	50	50	50	50	50
二环戊二烯基合铁	1	1	1	1	1	1
高碳二元酸	—	5	—	—	5	5
2,6-二叔基-4-甲酚	—	—	5	—	5	5
丙酮	—	—	—	30	—	30

【制备方法】　将汽油、甲醇、异戊烷及添加剂,混合搅拌 30～60min,沉淀后即为成品。

【产品应用】　本品主要用作车用燃料。

【产品特性】　本品所使用的添加剂中,大多数为无害物质,因此,与汽油相比,排放出的有害物质减少了 80% 以上,明显降低了有害物质的排放,完全符合国家规定的环保要求。

本品可以提供足够的燃烧热值,辛烷值可以达到 98 号,而且稳定性强,可以长期存放不变质。

实例 10　车用甲醇清洁汽油(2)

【原料配比】

原　　料	配比（质量份）		
	1#	2#	3#
甲醇	40	55	60
商品汽油	54	36	30
丙酮	4.5	7	6.8
防腐剂二烷基二硫代磷酸锌盐	0.1	0.5	0.8

原　　料	配比 (质量份)		
	1#	2#	3#
分散剂磺酸钙	0.9	0.2	0.4
抗氧剂 2,6-二叔丁基混合酚	0.5	1.3	2

【制备方法】 先将甲醇与商品汽油混合,再加入分散剂搅拌1.5~2h,加入防腐剂二烷基二硫代磷酸锌盐和抗氧剂 2,6-二叔丁基混合酚,然后用高剪切乳化机乳化处理 2h 以上,然后加入丙酮,用连续式过滤机过滤两次,即得成品。

【产品应用】 本品主要用作车用燃料。

【产品特性】 本品均匀性、稳定性、抗气塞、抗腐蚀性等均良好,长时间放置不分层,可与现有市售汽油无限量混合,不产生气阻现象。该汽油可以单独使用,也可以与同标号其他汽油混用,使用该合成汽油的发动机无须改动。

实例11　车用调和汽油

【原料配比】

原　　料	配比 (质量份)		
	1#	2#	3#
汽油	65	70	68
甲基叔丁基醚	12	15	12
甲苯	10	—	15
二甲苯	—	10	—
重芳烃	45	50	48
聚异丁烯胺	5	10	2

【制备方法】 室温下,将汽油、甲基叔丁基醚混合搅拌均匀后再

将甲苯或二甲苯、重芳烃加入上述混合物中,搅拌均匀,再加入聚异丁烯胺,搅拌均匀,即得成品。

【产品应用】　本品主要用作车用燃料。

【产品特性】　本品的辛烷值完全满足97号车用无铅汽油标准的要求,硫含量、烯烃含量低,辛烷值达标,本品的配方简单,复配工艺简单、使用效果好、成本低,能提高小炼油厂生产成品油的合格率,显著增加小炼油厂的经济效益。

实例12　车用无铅汽油

【原料配比】

原　　料	配比（质量份）					
	1#	2#	3#	4#	5#	6#
甲醇(99.99%)	35	50	65	35	50	65
国标汽油	60	45	30	60	45	30
异丁醇	2	3	4	2	3	4
丙酮	1	2	3	1	2	3
甲基叔丁基醚	2	3	4	2	3	4
甲苯或二甲苯	2	4	5.5	2	4	5.5
甲基环戊二烯三羰基锰	0.01	0.02	0.03	0.01	0.02	0.03
丁辛基硫代磷酸锌	0.03	0.06	0.1	0.03	0.06	0.1
二茂铁	0.1	1	3	0.1	1	3
硫磷化聚异丁烯钡盐	—	—	—	0.01	0.04	0.06

【制备方法】　常温常压下,将原料丙酮、甲苯或二甲苯、异丁醇、甲基叔丁基醚、丁辛基硫代磷酸锌、二茂铁、甲基环戊二烯三羰基锰依次加入容器内,经充分搅拌后,得到黄色透明状液体,再将该黄色透明液体加入甲醇中,充分搅拌后得到变性甲醇;将该变性甲醇液体加入汽油中搅拌均匀,最后将硫磷化聚异丁烯钡盐加入后混合均匀即得

成品。

【产品应用】 本品主要用作车用燃料。

【产品特性】 本品与国标汽油相比,废气排放量可减少 30% ~ 70%;耐腐蚀性提高,机动车保养次数可由 5000 ~ 8000km/次延长至 8000 ~ 10000km/次;本品可以完全消除醇油分层现象,可有效解决气温高时气阻、气温低时冷启动困难现象。

实例 13 醇基复合汽油

【原料配比】

原 料	配比(质量份)					
	1#	2#	3#	4#	5#	6#
甲醇	62	10	70	33	20	15
石脑油	1.2	1.2	1.2	1.2	1.2	1.2
甲基环戊二烯基二茂铁	0.2	0.2	0.2	0.2	0.2	0.2
己二醇	—	—	—	0.6	—	—
硫磷丁辛基锌盐	0.1	0.1	0.1	—	—	—
甲基叔丁基醚	0.1	0.1	0.1	—	—	—
2,6-叔丁基对苯二酚	0.1	0.1	0.1	—	—	—
70#汽油	36	—	—	—	78	—
90#汽油	—	88	28	65	—	83

【制备方法】 在常温常压下,先将石脑油、甲基环戊二烯基二茂铁、硫磷丁辛基锌盐、甲基叔丁基醚、2,6-叔丁基对苯二酚、己二醇与甲醇混合,搅拌均匀后;由原料泵经管道输送至汽油罐,与汽油混合均匀即可。

【产品应用】 本品主要用作车用燃料。

【产品特性】

(1)辛烷值高达 90# 以上,最高可达 98#,不含铅,不含苯,无污染。

(2)配制时,在常温常压下操作,工艺简单,原料丰富,成本低,节油率高,易于推广。

（3）点火性能好,易发动、无氧化、不腐蚀,热效率高。

（4）具有良好的抗爆性、安全性和稳定性。

实例 14　醇基汽油燃料

【原料配比】

1. 醇基汽油燃料

原　　料	配比（质量份）		
	1#	2#	3#
汽油	83	72	61.2
乙醇	15	25	35
添加剂	2	3	3.8

2. 添加剂

原　　料	配比（质量份）		
	1#	2#	3#
异丁醇	0.2	0.8	0.7
多甲基苯	0.2	0.3	0.37
2-乙基己醇	0.1	0.2	0.17
烷基苯	0.08	0.15	0.13
2,2-甲基乙烷	0.2	0.25	0.45
亚磷酸三甲酯	0.1	0.2	0.2
丁二酰亚胺	0.4	0.25	0.5
叔丁醇	0.2	0.25	0.5
丙醇	0.3	0.35	0.55
DMC	0.16	0.2	0.15
改性复合醇	0.06	0.05	0.08

【制备方法】 将汽油与乙醇混合,然后加入添加剂混合均匀即可。

【注意事项】 所述改性复合醇是正癸醇与正辛醇质量比为 1：2 或 2：1 的混合物。

【产品应用】 本品主要用作车用燃料。

【产品特性】 由于醇基燃烧后,生成水,所以降低了尾气中有害物质的排放;本品的化工添加助剂还解决了醇基燃料自身吸收大气中的水分而产生相分离无法继续使用的问题;本品的化工添加助剂可与任何国标汽油相配合使用,生产出来的醇基汽油燃料保质期可达到一年以上,使用本品,发动机无须做任何改装或变动。

实例 15 低比例甲醇汽油燃料

【原料配比】

1. 助溶剂

原　　料	配比（质量份）		
	1#	2#	3#
异丁醇	80	80	—
异辛醇	—	—	80
甲基叔丁基醚	16.33	—	16.33
仲丁基甲醚	—	16.33	—
吐温-60	0.33	—	—
吐温-80	—	0.33	0.33
乙二醇单丁醚	1.67	1.67	1.67
2,4,6-三叔丁基苯酚	1.67	0.8	—
2,6-二叔丁基苯酚	—	0.87	—
2,4,6-三叔丁基苯酚/2,6-二叔丁基苯酚的混合物	—	—	1.67

2. 甲醇汽油燃料

原　　料	配比（质量份）
甲醇	12
助溶剂	3
汽油	85

【制备方法】

（1）助溶剂的制备：将各组分原料进行混合，生成的混合物放置24h后成为助溶剂。

（2）甲醇汽油燃料的制备：向甲醇配料储槽中加入甲醇，并在搅拌下加入助溶剂，搅拌1h，最后加入汽油，得到的混合物为甲醇汽油。

【产品应用】　本品主要用作车用燃料。

【产品特性】　本品环保、清洁性突出。使用该低比例甲醇汽油燃料，可降低汽车尾气常规排放中的 CO 和 HC 浓度，从而有利于净化空气，改善城市污染状况等。本品生产工艺简单，生产不受季节和规模限制，且成本低，原料易购、来源广泛，便于推广应用。

实例16　低碳化变性醇汽油

【原料配比】

1. 变性醇

原　　料	配比（质量份）					
	1#	2#	3#	4#	5#	6#
燃料乙醇	10	10	5	5	15	15
甲醇	80	70	80	69	60	80
添加剂	10	20	15	26	25	5

2. 低碳化变性醇汽油

原　　料	配比（质量份）					
	1#	2#	3#	4#	5#	6#
变性醇	20	30	50	70	85	40
国标汽油	80	70	50	30	15	60

3. 添加剂

原　　料	配比（质量份）
邻硝基甲苯	50~60
二甲氧基甲烷	30~40
丙二酸二甲酯	5~9
金属腐蚀抑制剂	0.4~0.6
橡胶溶胀抑制剂	0.4

【制备方法】　将燃料乙醇、甲醇、添加剂混合形成低碳化变性醇，取变性醇与国标汽油掺和后，在常温常压下搅拌30min即得成品。

【产品应用】　本品主要用作车用燃料。

【产品特性】　利用国内原料充裕的甲醇替代部分乙醇和国标汽油，使得车用汽油成本明显下降，节约了粮食和石油资源，发动机排放进一步得到改善，同时解决了油耗高、低温分层等问题，而且降低了饱和蒸汽压，防止气阻现象的发生，还能够较大比例地掺用。

实例17　二甲氧基甲烷汽油

【原料配比】

原　　料	配比（质量份）					
	1#	2#	3#	4#	5#	6#
二甲氧基甲烷	15	20	34	20	30	30
焦化混合苯	—	—	—	—	—	17

原　　料	配比（质量份）					
	1#	2#	3#	4#	5#	6#
苯	1	2	2	1.3	2	—
甲苯	3	3	6	3	5	—
二甲苯	3	5	12	6	10	—
90#汽油	78	—	—	—	53	53
93#汽油	—	70	—	—	—	—
97#汽油	—	—	46	69.7		

【制备方法】

（1）在常温常压下将苯、甲苯、二甲苯及焦化混合苯用防爆油泵泵进第一个铜制容器中进行混合，形成混合溶液，称为混合苯溶液。

（2）在常温常压下将混合苯溶液和二甲氧基甲烷用防爆油泵泵进第二个铜制容器中进行混合，形成混合溶液，称为苯烷溶液。

（3）在常温常压下将苯烷溶液和汽油用防爆油泵泵进第三个钢制容器中进行混合，形成混合溶液，称为二甲氧基甲烷汽油，又称为车用绿油。

【产品应用】　本品主要用作车用燃料。

【产品特性】

（1）无毒性或毒性较小，因为二甲氧基甲烷本身无毒或毒性微小，在生产车间空气中允许二甲氧基甲烷的最高浓度为 $3100mg/m^2$；而在生产车间空气中允许的甲醇、乙醇溶剂汽油的最高浓度为 $350mg/m^2$。说明二甲氧基甲烷的毒性比溶剂汽油小 10 倍。

（2）遇低温不分层，遇水不分层。

（3）与苯、甲苯、二甲苯形成的混合溶液为苯烷溶液，其辛烷值在 $100\sim106$ 之间，是一种很好的汽油增标剂，所以它加入任意标号的汽油中，辛烷值都会增加，二甲氧基甲烷汽油的性能会更好。

实例18 复合催化无铅醇醚汽油
【原料配比】
1. 添加剂

原　料		配比(质量份)			
		1#	2#	3#	4#
添加剂	过氧化锌	2	2	2	2
	碳酸二甲酯	6	6	6	6
	还原黄	3	3	3	3
	环己胺	2	2	2	2
	硝酸异辛酯	7	7	7	7

2. 复合催化无铅醇醚汽油

原　料	配比(质量份)			
	1#	2#	3#	4#
添加剂	3	0.1	2	1
成品汽油	30	10	20	15
异丁醇	14	0.5	10	5
石油醚	0.3	10	5	8
甲醇	50	80	60	70
甲基叔丁基醚	1	8	4	6
石油苯	10	0.1	6	4
石脑油	20	50	25	28
副液	0.2	0.5	0.3	0.4

3. 副液

原　　料	配比 (质量份)			
	1#	2#	3#	4#
正丁醇	1	1	1	1
石油苯	1	1	1	1
环己胺	2	2	2	2

【制备方法】

（1）取过氧化锌、碳酸二甲酯、还原黄和环己胺形成调和物后,将其与硝酸异辛酯调和制成添加剂。

（2）取上述添加剂和成品汽油调配,制成母本汽油。

（3）取异丁醇、石油醚与甲醇调配制得变性甲醇。

（4）取甲基叔丁基醚、石油苯与石脑油调配制得改性石脑油。

（5）将上述步骤制得的母本汽油、变性甲醇和改性石脑油调配制得合成液。

（6）将正丁醇、石油苯和环己胺调制成副液,再取副液与步骤(5)制得的合成液调配,即制得复合催化无铅醇醚汽油。

【产品应用】 本品主要用作车用燃料。

【产品特性】 本品由于加大了甲醇的用量,其成本更低,此外由于汽油中加入了由羧基酯化物、硝基酯化物(如碳酸二甲酯、硝酸异辛酯等)、环己胺等腐蚀抑制剂复合成一种专用的添加剂,并辅之以其他常用材料,使得本品在醇醚燃料的动力性、油耗、排放及腐蚀抑制方面有了较大的突破,从而提高了醇醚燃料催化燃烧效率,增加了能量转换、节约了资源、减少了有害气体的排放、基本消除了对汽车机件的腐蚀和溶胀副作用。

实例19 复合无铅汽油(1)

【原料配比】

1. 复合无铅汽油

原　　料	配比(质量份)				
	1#	2#	3#	4#	5#
航空煤油	0.07	0.14	0.09	0.11	0.1
添加剂	4.9	9.8	6	7	7
93#成品汽油	350	700	450	600	500
碳五溶剂	532	266	450	350	400
轻质油	70	140	90	110	100
苯	1.4	0.7	1.1	0.9	1
改性酒精	28	14	24	17	20

2. 添加剂

原　　料	配比(质量份)
氧化锌	1
抗氧剂	1
金属钝化剂	3
着色剂	5
消烟助燃剂	8

【制备方法】

(1)添加剂中各组分按比例混合均匀,再将添加剂与航空煤油调配形成CHF。

(2)取93#成品汽油与制成的CHF调配形成母本汽油。

(3)取碳五溶剂和轻质油调配形成复合物A。

(4)取苯与复合物A调配成复合物B。

(5)取改性酒精与复合物B调配形成复合物C。

(6)将复合物 C 与制成的母本汽油调配形成无铅汽油。

【产品应用】 本品主要用作车用燃料。

【产品特性】 无铅、环保,蒸发性、抗爆性好,安定性、抗腐蚀性好。

实例20 复合无铅汽油(2)

【原料配比】

1. 复合无铅汽油

原　　料	配比(质量份)				
	1#	2#	3#	4#	5#
丙酮	2.1	1.1	1.8	1.4	1.6
航空煤油	2.1	4.2	2.8	3.5	3
苯	7	3.5	6	5	5
添加剂	4.9	9.8	6	8	7
93#成品汽油	287	574	350	450	400
正丁醇	14	7	11	9	10
异丙醇	1.75	3.5	2.3	2.8	2.5
甲醇	731	365	600	450	500
改性酒精	21	42	28	35	30

2. 添加剂

原　　料	配比(质量份)
氧化锌	1
抗氧剂	1
金属钝化剂	3
着色剂	5
消烟助燃剂	8

【制备方法】

(1)取丙酮、航空煤油和苯混合调配形成复合物 A。

(2)取氧化锌、抗氧剂、金属钝化剂、着色剂及消烟助燃剂按比例配制成添加剂,然后将添加剂与复合物 A 调配形成 CHF。

(3)取 93# 成品汽油与调配好的 CHF 混合调配形成母本汽油。

(4)取正丁醇和异丙醇调配成复合物 B。

(5)将复合物 B 与甲醇调配形成复合物 C。

(6)将复合物 C 与改性酒精调配形成复合物 D。

(7)将母本汽油与复合物 D 调配生成复合无铅汽油。

【产品应用】　本品主要用作车用燃料。

【产品特性】　蒸发性、抗爆性好,安定性、抗腐蚀性好,能与传统汽油和乙醇汽油以任意比例混合。

实例 21　复合无铅汽油(3)

【原料配比】

1. 复合无铅汽油

原　　料	配比（质量份）				
	1#	2#	3#	4#	5#
苯	3.5	7	5	6	5
添加剂	9.8	4.9	8	6	7
93#成品汽油	210	420	280	350	300
乙二醇一丁醚	0.7	1.4	0.9	1.1	1
异丙醇	1.4	0.7	1.1	0.9	1
轻质油	238	476	300	380	350
120#溶剂油	70	35	60	50	55
甲醇	420	210	350	280	300

2. 添加剂

原　　料	配比（质量份）
氧化锌	1
抗氧剂	1
金属钝化剂	3
着色剂	5
消烟助燃剂	8

【制备方法】

（1）取氧化锌、抗氧剂、金属钝化剂、着色剂及消烟助燃剂按比例配制成添加剂，然后将苯和添加剂调配形成 CHF。

（2）再将调配好的 CHF 与 93# 成品汽油调配形成母本汽油 A。

（3）取乙二醇一丁醚与异丙醇调配形成复合物 B。

（4）取轻质油与 120# 溶剂油调配形成复合物 C。

（5）将制成的母本汽油 A 和复合物 C 调配形成复合物 D。

（6）取甲醇与复合物 B 调配形成复合物 E。

（7）将复合物 D 与复合物 E 调配形成复合无铅汽油。

【产品应用】　本品主要用作车用燃料。

【产品特性】　本品具有良好的蒸发性、抗爆性且安定性、抗腐蚀性好，成本更低。

实例 22　复合无铅汽油（4）

【原料配比】

1. 复合无铅汽油

原　　料	配比（质量份）				
	1#	2#	3#	4#	5#
乙二醇一丁醚	0.7	1.4	0.9	1.1	1
异丙醇	1.4	0.7	1.1	0.9	1

续表

原 料	配比(质量份)				
	1#	2#	3#	4#	5#
添加剂	4.9	9.8	6	8	7
苯	7	3.5	6	5	5
93#成品汽油	210	420	280	350	300
轻质油	280	560	350	480	400
石脑油	140	70	110	90	100
120#溶剂油	35	70	50	60	50
甲醇	210	105	180	140	160

2. 添加剂

原 料	配比(质量份)
氧化锌	1
抗氧剂	1
金属钝化剂	3
着色剂	5
消烟助燃剂	8

【制备方法】

(1)取乙二醇一丁醚与异丙醇调配形成复合物 A。

(2)取氧化锌、抗氧剂、金属钝化剂、着色剂及消烟助燃剂按比例配制成添加剂,然后将添加剂添加于苯中调配形成 CHF。

(3)再将调配好的 CHF 与 93#成品汽油调配形成母本汽油。

(4)取轻质油、石脑油与 120#溶剂油调配形成复合物 C。

(5)取甲醇与复合物 C 调配形成复合物 D。

(6)将复合物 A 与复合物 D 调配形成复合物 E。

(6)将调配出的母本汽油与复合物 E 调配静置 3h 形成复合无铅

汽油。

【产品应用】　本品主要用作车用燃料。

【产品特性】　本品具有良好的蒸发性、抗爆性且安定性、抗腐蚀性好,成本更低。

实例23　复合无铅汽油(5)

【原料配比】

1. 复合无铅汽油

原　料	配比(质量份)			
	1#	2#	3#	4#
异丁醇	7	14	9	11
乙二醇一丁醚	14	7	11	9
出现乳化分层的复合无铅汽油	210	420	280	350
添加剂	3.5	7	5	6
航空煤油	0.28	0.14	0.24	0.17
成品汽油	532	266	450	350
轻质油	140	280	170	240
甲醇	112	56	100	80
改性酒精	28	14	24	17
苯	21	42	28	35

2. 添加剂

原　料	配比(质量份)
氧化锌	1
抗氧剂	1
金属钝化剂	3
着色剂	5
消烟助燃剂	8

【制备方法】

(1)将异丁醇和乙二醇—丁醚复合调配形成复合物 B。

(2)将复合物 B 与出现乳化分层的复合无铅汽油调配形成复合物 C。

(3)将氧化锌、抗氧剂、金属钝化剂、着色剂及消烟助燃剂按比例配制成添加剂,然后将添加剂与航空煤油调配形成 CHF。

(4)将 CHF 与成品汽油调配形成母本汽油。

(5)将复合物 C 与体积轻质油调配形成复合物 D。

(6)取甲醇和改性酒精调配形成复合物 E。

(7)将复合物 E 与制成的母本汽油复合形成复合物 F。

(8)将复合物 F 与复合物 D 调配形成复合物 G。

(9)将复合物 G 与苯调配形成新的复合无铅汽油。

【产品应用】 本品主要用作车用燃料。

【产品特性】

(1)将乳化的复合无铅汽油转化为新的复合无铅汽油,可以避免油品的浪费。

(2)新生成的油品同样具有无铅、环保、蒸发性、抗爆性、安定性、抗腐蚀性好、成本低的优点。

实例24 改进型复合无铅汽油

【原料配比】

1. 核心添加剂

原　　料	配比（质量份）			
	1[#]	2[#]	3[#]	4[#]
氧化锌	2	3	4	1
抗氧剂	3	2	1	1
金属钝化剂	1	4	2	3
着色剂	2	1	3	5
消烟助燃剂	5	7	9	8

2. 改进型复合无铅汽油

原　　料	配比 (质量份)			
	1#	2#	3#	4#
核心添加剂	8	15	10	10
丙酮	79. 992	1	100	49. 99
正丁醇	150	10	50	100
异丙醇	10	150	30	50
改性酒精	300	30	50	100
二甲苯	10	100	19. 99	50
甲醇	300	358. 985	600	400
93#汽油	150	350	150	250

【制备方法】

(1)首先将氧化锌、抗氧剂、金属钝化剂、着色剂及消烟助燃剂混合制成核心添加剂。

(2)再取核心添加剂与丙酮勾兑生成液体添加剂。

(3)取正丁醇、异丙醇、改性酒精和二甲苯按比例勾兑,生成混合物 A。

(4)用甲醇与混合物 A 勾兑,生成新的复合物 B。

(5)再用液体添加剂与 93#汽油勾兑,生成母本汽油。

(6)用母本汽油与新的混合物 B 勾兑,获得改进型复合无铅汽油。

【产品应用】　本品主要用作车用燃料。

【产品特性】

(1)蒸发性好,保证发动机在冬季易启动,而在夏季也不易产生气阻,并能燃烧充分。

(2)抗爆性好,由于使用 93#汽油,其辛烷值合乎规定,且波动小,保证了发动机运转正常,不会发生爆震,充分发挥功率。

(3)抗腐蚀性好。

(4)由于改进型复合汽油加入了改性酒精,而使得该改进型复合汽油能与传统汽油和乙醇汽油以任意混合使用,不会出现分层现象。

实例25　改性甲醇合成高清洁无铅汽油

【原料配比】

原　　料	配比（质量份）					
	1#	2#	3#	4#	5#	6#
甲醇	50	60	40	30	55	45
90#粗汽油	32	30	40	40	35	38
正丁醇	0.8	1.5	1	1.4	1.2	1.2
焦化轻油	10	1	3	8	5	5
二甲基亚砜	0.5	0.3	0.5	0.4	0.4	0.4
椰子油聚氧乙烯醚(20)	0.5	0.3	0.4	0.5	0.4	0.4
脂肪醇聚氧乙烯醚(40)	0.3	0.1	0.2	0.1	0.2	0.2
邻苯二甲酸二辛酯	0.5	0.4	0.6	0.5	0.5	0.5
邻苯二甲酸二丁酯	0.5	0.6	0.4	0.5	0.5	0.5
二甲醚	3	5	3	4	4	4
碳酸二甲酯	3	1	2	3	2	2
6#溶剂油	3	5	4	5	4	—

【制备方法】

(1)常温常压下,将甲醇经内装沸石分子筛的改性塔处理,时间30~50min。

(2)将正丁醇、焦化轻油、二甲基亚砜、椰子油聚氧乙烯醚、脂肪醇聚氧乙烯醚混合均匀备用。

(3)将邻苯二甲酸二辛酯、邻苯二甲酸二丁酯、二甲醚及碳酸二甲酯混合均匀备用。

(4)将改性后的甲醇置于混合缸内,加入90#粗汽油,搅拌过程中分别加入步骤(2)、(3)所制得的混合物,混合均匀。

(5)加入 6# 溶剂油,搅拌均匀即可。

【产品应用】 本品主要用作车用燃料。

【产品特性】

抗爆性能强;动力大、起步快,高温不产生气阻,低温-27℃好打火;百公里节油 1~1.2L;可与乙醇汽油、石化汽油以任意比例互换互溶;烟度极轻;尾气排放中碳氢化合物为 0.3%,一氧化碳为 0.1%。

实例 26 高比例环保甲醇汽油

【原料配比】

1. 环保甲醇汽油

原 料	配比(质量份)		
	1#	2#	3#
汽油	30	40	50
甲醇	60	53	45
变性添加剂	10	7	5

2. 变性添加剂

原 料	配比(质量份)		
	1#	2#	3#
异丁醇	3	—	1
异丙醇	—	2	—
二甲氧基甲烷	1.5	1.2	1
丙酮	1	0.5	0.5
乙醚	1	1	0.5
碳酸二乙酯	0.5	0.5	0.5
庚醇	0.5	0.3	0.2

原　料	配比（质量份）		
	1#	2#	3#
亚磷酸二丁酯	0.5	0.5	0.5
二甲苯	1	0.5	0.5
苯并三氮唑	0.5	—	0.1
吡唑酮	—	0.2	—
邻苯二甲酸二丁酯	0.5	0.3	0.2

【制备方法】 在常温常压下,将变性添加剂中各组分混合均匀后再与甲醇充分混合 60min,然后加入汽油中,搅拌 60min 后静置陈化 12h 即得成品。

【产品应用】 本品主要用作车用燃料。

【产品特性】 本品高比例环保甲醇汽油互溶性好,提高了耐水能力,有效地解决了甲醇与汽油的分层问题。更方便的是,使用该汽油无须改动发动机,低温启动优良,高温无气阻现象,尾气排放达标。

实例27　高比例甲醇汽油

【原料配比】

1. 高比例甲醇汽油

原　料	配比（质量份）
甲醇(99.5%以上)	85
稳定剂	2
甲醇汽油改性剂	0.5
93#汽油	加至 100

2. 甲醇汽油改性剂

原　　料	配比（质量份）
甲醇	12
乙醇	16
2,6-二叔丁基混合酚	2
二烷基二硫代磷酸锌盐	1.2
甲苯	2.3
苯甲醇	7.5
乙酰丙酮	0.8
乙酸乙酯	1.5
二甲氧基甲烷	8
正戊烷	6
丙酮	12
97#汽油	18
仲辛醇	13.7

【制备方法】　将甲醇汽油改性剂中各组分混合均匀即得该改性剂,再将甲醇、稳定剂、甲醇汽油改性剂与汽油在混合罐中混合均匀即可。

【产品应用】　本品主要用作车用燃料。

【产品特性】　在高压缩比汽车上使用,无须改动发动机,可直接替代国际93#、97#、98#汽油使用;在产品中存在3%水的情况下,不发生相分离;在极端气温-30℃情况下,发动机可正常启动、正常工作;本品可以按任意比例与国际93#、97#、98#车用汽油互溶;使用本品,尾气排放一氧化碳、碳氢化合物比使用汽油时的排放量要减少80%以上;在炎夏气候使用,汽车油路不会发生气阻现象;本品所需添加剂的添加量少,效果好,成本低。

实例28 高标号环保无铅汽油
【原料配比】
1. 环保无铅汽油

原　料	配比 (质量份)	
	1#	2#
轻烃油	40	35
甲醇	50	54
$C_{12} \sim C_{14}$脂肪混合醇	3	4
乙醇	2	2.5
丙酮	2	1.5
二甲苯	1	1.2
仲辛醇	1	1
核心添加剂	1	0.8

2. 核心添加剂

原　料	配比 (质量份)	
	1#	2#
丙酮	25	—
异丙醇或异丁醇	—	40
二环戊二烯基铁	—	15
碳酸二甲酯	—	20
有机锰	—	15
钙、钡、镍、铬、铜的环烷酸盐或磺酸盐中的任一种	—	5
异丁醇	15	—
煤油	10	—

原　　料	配比 (质量份)	
	1#	2#
二甲苯	38	—
汽油清净、抗氧、抗爆、抗腐增标剂	12	—

【制备方法】

(1)将脂肪混合醇、乙醇、丙酮、二甲苯以及仲辛醇采用常规方式混合,调成稳定改善剂。

(2)将稳定改善剂加入甲醇中。

(3)将核心添加剂加入步骤(2)所得混合液中。

(4)将轻烃油加入步骤(3)所得混合液中并搅拌 25min,再静置反应 6h,然后用 100 目以上过滤网过滤即得成品油。

【产品应用】　本品主要用作车用燃料。

【产品特性】

(1)碳和氧充分接触,使燃烧更彻底、更充分,从而提高火力,增加热值,使动力更加强劲。

(2)彻底清除发动机内的积炭,防止结焦。

(3)降低排烟量,更符合环保要求。

(4)通过增加稳定改善剂,稳定和改善了甲醇的性能,可使甲醇在汽油中成分占比增加并且不会产生分层现象,降低了生产成本以及汽油的腐蚀性。

(5)使用时无气阻,可与其他汽油以任意比例混合使用,更具实用性。

实例29　高能复合汽油

【原料配比】

原　　料	配比 (质量份)
甲醇	30
石脑油	20

原　料	配比(质量份)
混合苯	18.96
汽油	30
互溶剂	1
增标剂	0.02
核磁共振传递剂	0.02

【制备方法】　将配方中各原料投入反应罐,用气流搅拌 10~20min 即得成品。

【注意事项】　所述互溶剂为异丙醇。

所述增标剂为环戊二烯三羰基锰。

【产品应用】　本品可广泛适合汽油动力和车辆的使用。

【产品特性】　本品利用甲醇作原料,资源广,成本低,且具有替代石油能源的意义;运用新的增标剂不仅解决了复合汽油提高标号,即提高抗爆性的问题又符合国标的技术标准;加入石脑油不仅满足了低沸点点火要求,又开辟了石脑油作动力燃料的新途径。

实例30　高能环保合成汽油

【原料配比】

原　料	配比(质量份)	
	1#	2#
碳五溶剂(80%~90%)	470	500
石脑油	360	330
甲苯	100	70
乙醇	70	100
二茂铁	0.02	0.02
烷基水杨酸铬	1	1
纳米二氧化钛溶液	25	25

【制备方法】　取碳五溶剂、石脑油、甲苯、乙醇组成混合液,然后加入二茂铁,再加入烷基水杨酸铬,上述混合物中加入纳米二氧化钛溶液,即得成品。

【产品应用】　本品主要用作车用燃料。

【产品特性】　本品汽油的相对密度接近普通汽油,pH值等同于普通汽油,没有有害物质的添加,常规理化指标完全合格。

实例31　高能汽油

【原料配比】

原　　料	配比（质量份）		
	1#	2#	3#
轻质油或石脑油	50	45	20
甲醇	35	40	55
二异丁醚	8	5	10
四氢呋喃	6	8	10
综合性油品添加剂	1	3	5

【制备方法】　将配方中各组分在混合罐中混合均匀即可。

【注意事项】　所述综合性油品添加剂包括以下组分:吡咯烷酮类聚合物20~50、酮类衍生物5~10、聚异丁烯胺25~50、异丁醇10~15、煤油10~20。

为了提高高能汽油的辛烷值,同时,更有效地改善环保性,选择二异丁醚代替甲基叔丁基醚作为醚类添加剂,达到环保的目的。甲醇为含氧燃料,其低热值不及汽油一半,为降低汽车运行的耗油量,本品选择以四氢呋喃为代表的呋喃杂环化合物为高能成分,并附以以过氧化甲乙酮为代表的酮类衍生物为催化活性成分,提高高能汽油的燃烧性能,降低油耗率,保证使用时汽车发动机有良好的动力性能。利用PVP的特殊络合性,防止高能汽油因加入甲醇而发生气阻现象以及对容器、管路、机器的腐蚀、溶胀作用;利用PVP的特殊表面活性来平衡油的 HLB 值,增强油醇的相溶性;组分中聚乙丁烯胺的加入,能使尾气排放得以消烟,并使燃料充分燃烧,达到环保节能的目的。

【产品应用】 本品主要用作车用燃料。

【产品特性】 用本品所述的组分调配而成的高能汽油,其辛烷值高,成本低,运行中油耗小,动力性能强,不发生气阻现象,具有环保节能的特点。

实例 32 高清洁大比例甲醇汽油

【原料配比】

1. 高清洁大比例甲醇汽油

原　　料	配比(质量份)	
	1#	2#
甲醇	58	85
90#国标汽油	40	14.2
综合添加剂	2	0.8

2. 综合添加剂

原　　料	配比(质量份)
烷基醇	20~60
异丙醇	10~30
异戊醇	10~30
二烷基二苯胺	1~5
三羟甲基丙烷	1~5
二茂铁	1~5
正己烷	1~5
N,N-二亚水杨基丙二胺	1~5

【制备方法】　将配方中各组分在混合罐中混合均匀即可。

【产品应用】　本品主要用作车用燃料。

【产品特性】

（1）通过加入异戊醇、二烷基二苯胺、三羟甲基丙烷,可使本品在极端气温-30℃情况下,发动机正常启动、正常工作。

（2）本品可与任意国标汽油、乙醇汽油互溶。

（3）通过加入 N,N-二亚水杨基丙二胺,本品能够解决汽车使用中的腐蚀和溶胀问题。

（4）通过加入烷基醇、异丙醇、异戊醇的混合物,本品可容忍 3.5%的水分而不产生甲醇与汽油分层的问题。

（5）使用本品,由于燃烧充分,尾气排放的一氧化碳、碳氢化合物比使用石化汽油时的排放量要减少 80%以上。

实例33　高清洁环保节能汽油

【原料配比】

原　　料	配比（质量份）		
	1#	2#	3#
甲醇	15	20	25
汽油	60	70	80
辛烷值增强剂	1	1.5	2
抗爆剂	1	1.5	2
抗氧剂	0.2	0.3	0.4
高效分散剂	0.1	0.5	1
橡胶防溶胀剂	0.1	0.5	1
醇燃料腐蚀抑制剂	0.1	0.5	1
节油消烟增效清洁剂	0.2	0.5	0.4

【制备方法】　在常温常压下,用常规公用的油品混配方法按配比将存储于各存储罐中的甲醇、汽油、辛烷值增强剂、抗爆剂、抗氧剂、高

效分散剂、橡胶防溶胀剂、醇燃料腐蚀抑制剂和节油消烟增效清洁剂通过定量泵、流量计分别定量加入搅拌罐中混合,搅拌 15~30min,再循环 15~30min,利用椰壳活性炭通过过滤塔进行去味、脱色,即得成品。

【注意事项】 辛烷值增强剂主要有甲基叔丁基醚、苯、乙酸叔丁酯,它的作用是能使燃油燃烧得更加充分,从而提高发动机动力性能、减少积炭生成、降低燃油消耗和尾气排放、提高动力、使发动机更易于启动、运动平稳、动力强劲,还能有效提高汽油的质量,提高燃烧效率,节省汽油,消除引擎爆震。

抗爆剂主要有烷基铅、甲基环戊二烯三羰基锰、甲基叔丁基醚、甲基叔戊基醚、叔丁醇、甲醇、乙醇、二茂铁,其作用是提高车用汽油辛烷值,减少汽车尾气中 NO_x、CO、HC 等有害气体的排放量,同时对汽车废气催化转化器有改善作用;

抗氧剂主要有 2,6-二叔丁基对甲酚、2,5-二叔丁基对苯二酚、2,6-二叔丁基-4-甲基苯酚、烯烃和二烯烃、2,6-三级丁基-4-甲基苯酚、双(3,5-三级丁基-4-羟基苯基)硫醚,这些对氧活泼的烃类,尤其是二烯烃,尽管含量较低,但用一般精制技术难以除净,通过在汽油中加入抗氧化剂,从而终止自由基反应,提高汽油的诱导期,如 2,6-二叔丁基对甲酚能有效提高汽油的诱导期,提高氧化安定性,且对汽油其他指标无影响。

高效分散剂主要有异丙醇、聚异丁烯、聚丙烯酸(PAA),其能够促使物料颗粒均匀分散于介质中,形成稳定悬浮体的试剂,能降低分散体系中固体或液体粒子聚集的物质,在配方中加入分散剂和悬浮剂易于形成分散液和悬浮液,并且保持分散体系的相对稳定的功能。

橡胶防溶胀剂主要有 YQ-1、甲醛、HX-89,其具有阻聚作用。

醇燃料腐蚀抑制剂主要有二聚酸、二聚亚油酸,其溶入醇燃料后,可分别吸附在橡胶、塑料和金属表面,形成较为牢固的覆盖膜和化学反应膜,从而减缓金属材料腐蚀和高分子材料溶胀,对汽车发动机的金属部件有很好的保护作用,对多种金属的腐蚀抑制率达到 95% 以上。

节油消烟增效清洁剂主要有二茂铁、二氯乙烷(EDC),其具有节油、消烟、清洁的作用。

【产品应用】　本品适用于多种燃烧汽油的机动车辆。

【产品特性】

(1)清洁环保:本品高清洁环保节能汽油在生产产品过程中采用清洁化先进工艺,不含铅等成分,其汽车尾气排放有害气体一氧化碳、碳氢化合物浓度值与93#普通汽油对比,CO排放量可降低96.7%,汽油HC排放量可降低96.7%,是高清洁环保节能的最佳燃料,对于改善城市污染,提高人民群众的生活质量,将产生重大的影响。

(2)使用安全方便:本品高清洁环保节能汽油与传统的国标汽油、乙醇汽油相比无腐蚀、低毒性,正常使用时,不会对人体及车辆产生危害,无须增加任何装置,无须改动发动机,可以直接加入汽车油箱中使用,既可单独使用,也可与其他不同规格的国标汽油以任意比例掺和使用,适用于多种燃烧汽油的机动车辆。

(3)高效省油、经济实惠、节约能源:本品高清洁环保节能汽油辛烷值高、抗爆性好、提速快、动力性强、生产成本低,可有效节约汽车的燃油费用,还可清洁油路与气缸的污垢和积炭,保护发动机运行,延长车辆的使用寿命。

第六章　汽油添加剂

实例1　多功能汽油添加剂

【原料配比】

原　料	配比（质量份）	
	1#	2#
甲基叔丁基醚	61	55
二甲苯	8	8
异丙醇	10	12
硅油	15	15
甲基丙烯酸十二烷基酯	6	10

【制备方法】　在常温常压条件下,将甲基叔丁基醚、二甲苯、异丙醇、硅油、甲基丙烯酸十二烷基酯加入混合容器中,搅拌15~30min,抽滤除去杂质,得到浅黄色油状液体,即为成品。

【产品应用】　本品适用于车用汽油添加剂。

【产品特性】　本品原料易得,设备及工艺简单,使用方便,易于推广;性能优良,能够有效提高汽油的辛烷值,防止汽油氧化沉淀,提高汽油的储存和使用安全性;使用效果显著,耗油率降低25%,HC化合物排放量降低28%,CO排放量降低25%,有利于减轻污染,保护环境。

实例2　高效多功能汽油添加剂

【原料配比】

原　料	配比（质量份）			
	1#	2#	3#	4#
偏苯三酸酯	2~8	2~8	2~8	2~8
六亚甲基四胺	3~10	3~10	3~10	3~10

原 料	配比（质量份）			
	1#	2#	3#	4#
硝基苯	2~6	2~6	2~6	2~6
环烷酸钴	0.5~3	0.5~3	0.5~3	0.5~3
硫酸铜	0.1~1	0.1~1	0.1~1	0.1~1
烷基苯	2~8	2~8	2~8	2~8
正辛醇	3~10	3~10	3~10	3~10
异戊醇	5~15	5~15	5~15	5~15
甲醇（20%~60%）	适量	适量	适量	适量
二茂铁	—	1.5~5	4.5~20	3.5~10
甲基叔丁基醚	—	—	—	10~60
过氧化苯甲酰	—	10~20	—	—
过氧化乙酸叔丁酯	—	—	10~30	5~30

【制备方法】 在带有搅拌加热器的四颈瓶中,加入偏苯三酸酯、六亚甲基四胺、硝基苯、环烷酸钴、硫酸铜、烷基苯、正辛醇、异戊醇,溶于甲醇配制的溶液中,然后加热至 20~40℃,保温 30~60min,二次加热至 60℃,保温 20~50min;加入二茂铁、甲基叔丁基醚,溶解后降温至20℃加入过氧化乙酸叔丁酯或过氧化苯甲酰,待完全溶解后降温至20℃以下,出料前过滤。

【注意事项】 氮化物可以是烷基胺、烷基苯。烷基胺包括十六烷胺、油烯胺等。

环烷酸金属盐可以是环烷酸钙、环烷酸钴等。

【产品应用】 本品适用于汽油,加入汽油中时轻轻搅拌均匀即可,添加比例为:添加剂：汽油=(0.2~1)：10000。

【产品特性】 本品适于工业化生产,在进行反应时无须特殊条件,只需加热即可,反应完成时只需过滤,产品质量容易控制,并且在生产过程中无三废产生;使用方便,效果好,能够改善汽油在汽油机的燃烧性能,易点火、易启动,热效率高,可降低油耗 15%～80.2%,提高汽油机功率 5%～28%,降低有害物质排放量 10%～30%;能够起到清理发动机积炭、溶解未反应聚合物的油泥与漆膜的作用,无腐蚀性,使发动机润滑系统得到有利的保护,延长汽油机的使用寿命。

实例3 防积炭添加剂

【原料配比】

1#配方

原　　料	配比(质量份)
三乙醇胺	10
油酸	5
丁醇	10
乙二醇一丁醚	8
环烷酸稀土	10
异构十三醇醚	2
煤油	55

2#配方

原　　料	配比(质量份)
二乙醇胺	10
亚油酸	5
异丙醇	10
二甘醇一丁醚	10
环烷酸稀土	10
异构十三醇醚	4
二甲苯	51

【制备方法】

(1)将丁醇或异丙醇和油酸或亚油酸进行混合。

（2）将三乙醇胺或二乙醇胺、乙二醇一丁醚或二甘醇一丁醚进行混合。

（3）将步骤（1）所得物料和步骤（2）所得物料混合，然后加入稀土盐进行混合，再加入煤油或二甲苯进行混合，最后包装即可。

【产品应用】 本品广泛适用于汽油机。

【使用方法】 将本品按一定的比例（通常为1∶100）加入汽油中。

【产品特性】 本品中的有效成分从物理及化学两方面进行除炭作用。其物理方面是有机胺、醇类、乳化剂、羧酸、烃类能松动及溶解一部分积炭层，其化学方面是稀土金属离子的催化活性使积炭层转化为二氧化碳、一氧化碳而从尾气管中排除。

当汽油机在运行时，本品能够防止汽油燃烧时产生炭，并能自动清除已产生的炭沉积，避免缸盖、活塞、火花塞、排气管等处的炭积现象，因而确保汽油机正常运行，节省汽油，延长汽油机使用寿命。

本品对金属无腐蚀现象，在汽油中稳定可靠。

实例4 高清洁汽油添加剂

【原料配比】

原 料		配比（质量份）		
		1#	2#	3#
分散剂	聚异丁烯丁二酰亚胺（相对分子质量1100~1300）	7	8	7.5
	聚异丁烯丁二酰亚胺（相对分子质量1800~2200）	7	12	17.5
阻聚剂	3-叔丁基对羟基茴香醚（Ⅱ）	0.5	0.7	0.8
	叔丁基邻苯二酚（Ⅲ）	0.5	0.3	0.4
光稳定剂	2-羟基-4-甲氧基二苯甲酮（Ⅳ）	0.5	—	—
	双酚A双水杨酸酯（Ⅴ）	—	0.5	—
	双癸二酸酯（Ⅵ）	—	—	0.5

续表

原　料		配比（质量份）		
		1#	2#	3#
破乳剂	聚氧乙烯醚与聚氧丙烯醚的嵌段共聚物	0.5	0.8	1
防锈剂	苯并三氮唑	12	1.5	2
助溶剂	异丙醇	6	8	10
基础液	航空煤油：重芳烃＝1：1	76.8	68.2	60.3

【制备方法】　在35~50℃的条件下,将两种分散剂混合后溶入基础液中,阻聚剂、光稳定剂、破乳剂及防锈剂溶解于助溶剂中,两者合并,常压下搅拌均匀,经超细过滤除去料液中的机械杂质,得到的棕色液体即为本品的高清洁汽油添加剂产品。

【注意事项】　所述分散剂为两种不同相对分子质量的聚异丁烯丁二酰亚胺的混合物。其作用是通过大分子一端的碱性基团和另一端的油溶性基团使积炭溶解在汽油中,达到胶溶、增溶和清洗的目的。由于清洗部位不同,所以温度也不同,化油品的温度约60℃,喷嘴温度100~135℃,进气阀的温度240~250℃,要达到全过程的清洁,就要求添加剂在不同的温度下都有良好的分散性和清净性,本品选用了两种不同相对分子质量的聚异丁烯丁二酰胺制成的混合分散剂,以实现从低温到高温的清洁作用。

所述阻聚剂是3-叔丁基-对羟基茴香醚与叔丁基邻苯二酚的混合物,两种化合物的混合比例为(10~5)∶(1~5)。主要作用是在较高的温度下防止汽油中烯烃聚合及氧化而生成弱酸性油泥和积炭。

所述光稳定剂是2-羟基-4-甲氧基二苯甲酮、双酚A双水杨酸酯或双癸二酸酯中的一种。因为烯烃在高温燃烧条件下会产生高能量的自由基,它是引起进一步的聚合,产生积炭的重要原因,也是空气中的氧与氮反应生成氧化氮的必要条件,光稳定剂的引入可吸收高能量的自由基,从而防止高温下结焦及减少和抑制氧化氮的生成。

所述破乳剂为聚氧乙烯醚与聚氧丙烯醚的嵌段共聚物。主要功能是防止汽油与水乳化,将水带入燃烧室而影响汽油的燃烧功能。

所述防锈剂为苯并三氮唑。主要作用是为防止油路系统产生锈蚀。

所述助溶剂为异丙醇。它是一种载体油,用以保证 A~E 组分的溶解性,使之形成均一的溶液。

所述基础液为航空煤油与重芳烃的混合液,比例为(8~5):(2~5)。这两种复配基础液与其他溶剂相比,对油泥和结焦有更好的溶解性能,而且以高浓度的添加剂加入汽油中,对汽油箱成套组件中的胶管、塑料件、滤清器和油泵不会产生溶解和膨胀,且汽油燃烧后不会产生二次污染。

【产品应用】 本品广泛应用于商品含铅汽油和无铅汽油,也能适用于普通柴油。

本品高清洁汽油添加剂在应用时以 300~1000mg/kg 的添加浓度加入汽油中即可得到高清洁汽油,该高清洁汽油和清净性、阻聚性和排污性均优于普通汽油。

【产品特性】 本品可以大幅度降低油泥、积炭的生成,还可清洗已生成的沉积物,达到节约燃料,有效改善汽车发动机的动力性能,可降低尾气排放中由于燃烧不完全而产生的有害物质含量。

实例5 高效环保节能汽油添加剂

【原料配比】

原　　料	配比(质量份)
甲基环戊二烯三羰基锰(MMT)	30
二茂铁	45
蜂蜡	23
正丁醇	1.5
乙酸叔丁酯	0.5

【制备方法】 将原料置于常温、常压下的反应釜中进行搅拌混合3h后,再采用常规工艺制粒即可。

【注意事项】 所述蜡是动物蜡或矿蜡中的一种或两种的混合物。动物蜡是蜂蜡、虫蜡或鲸蜡,矿蜡是石蜡、地蜡。

所述促进剂是正丁醇或异丁醇的一种,或其混合物。

所述催化剂是乙酸叔丁酯。

【产品应用】 本品主要用作汽油添加剂。它适用于各种牌号的汽油添加,在汽油中的加入比例为 2.5g/50L。

【产品特性】 本品能有效地改善汽油品质,提高汽油辛烷值,提高燃烧性,能随燃料一同完全燃烧而不产生沉淀或残渣;且无副作用,对燃料其他性质无不良影响;性质稳定,在空气中不分解,沸点较高,不易蒸发损失;无毒性,对环境不造成污染。

实例6 高效汽油添加剂

【原料配比】

原料		配比(质量份)
乙醇		58
甲基叔丁基醚		20
硅油		20
促进剂和催化剂	正丁醇	1
	乙酸乙酯	1

【制备方法】

(1)在常温常压条件下,将促进剂和催化剂加入甲基叔丁基醚中,充分溶解。

(2)将乙醇、硅油加入到步骤(1)中,所得物料进行搅拌混合即可。较佳的,还可以进行一次或多次过滤步骤。

【注意事项】 所述促进剂和催化剂可以是正丁醇或异丁醇以及乙酸乙酯。正丁醇或异丁醇可以单独使用,也可以采用两者的混合物。较好的促进剂和催化剂成分及质量配比范围如下:正丁醇或异丁醇 0.5~1.5,乙酸乙酯 0.5~1.5。

【产品应用】　本品为车用汽油添加剂。

【产品特性】　本品原料易得,工艺简单,使用方便;能够全面改善汽油的质量,明显提高汽油的辛烷值,减少汽车尾气的污染;汽车易于发动,提速性能良好,百公里耗油量降低 5%~10%,冬季使用本品能使汽车的行驶性能更佳;对发动机部件无腐蚀作用,清除积炭效果好。

实例7　环保节能汽油添加剂(1)

【原料配比】

原　　料	配比 (质量份)	
	1#	2#
油酸酯	40	50
环烷酸	15	20
脂肪酸	5	7
碳十二	4	5
多乙烯多胺	3	5
肪酸乙酯	1	2
无水乙醇	15	17
优质甲醇	20	25
六亚甲基四胺	15	25
碘化镍	15	25
磷酸三丁酯	5	8

【制备方法】　将原料加入容器中搅拌 10min,即可制成环保节能掺水汽油添加剂。

【产品应用】　本品主要用作汽油添加剂。

【产品特性】　本品能使掺水汽油稳定期长。汽油掺水率高,可掺水 15%~30%、添加剂 7%~20%,节油率达到 13%~28%。加入添加剂后的掺水汽油对机器无腐蚀,爆发力强,无污染、热值高。操作性能和纯汽油一样,无须改造发动机,能和现有汽油混合使用,也可单独使用。

实例8 环保节能汽油添加剂(2)

【原料配比】

原　　料	配比(质量份)		
	1#	2#	3#
甲醇	60~67	62	64
异丙醇	30~37	36	34
草酸亚铁	0.1~1	1	0.5
草酸铜胺	0.05~1	0.5	1
正丁胺	0.05~1	0.5	0.5
亚甲基蓝	0.001	0.001	0.001

【制备方法】

(1)在常温条件下,将甲醇、异丙醇放入反应器内,搅拌均匀。

(2)将草酸亚铁和草酸铜胺放入反应器内,进行搅拌。

(3)将 30%步骤(1)制得的甲醇和异丙醇加入正丁胺进行混合。

(4)将 70%步骤(1)制得的混合物加入步骤(2)制得的混合物中进行混合。

(5)将步骤(3)和(4)混合均匀后,加入亚甲基蓝,即可制得成品。

【注意事项】 本品采用铜、铁有机酸盐为配体,实现电子转移反应,双相催化燃烧体系;以油溶性非离子型的氟表面活性剂为助剂,降低汽油表面张力和摩尔蒸发热;以正丁胺为燃烧助剂;以甲醇和异丙醇为载体。

【产品应用】 本品加入汽油中后,CO 下降 20%~30%,HC 下降 1.3%~2%,节油率为 8%~15%。

【产品特性】　本品原料易得,成本低,工艺简单,添加量小,易溶于汽油,节油效果显著;稳定性好,携带及使用方便,能明显降低汽车尾气中的有害排放物,符合环保要求。

实例9　混合燃料添加剂

【原料配比】

原　　料		配比(质量份)	
		1#	2#
表面活性乳化剂	斯盘-80	25~30	25~30
	吐温-20	5~8	5~10
	α-烯烃磺酸钠	10~15	—
	三乙醇胺	5~10	5~10
	水分解催化剂	30~40	30~40
	乙酰丙酮	5~10	5~10
	对苯二酚	5~8	—
	苯乙基苯基聚氧乙基醚	—	10~15
	烷基醚硫酸酯钠	—	8~15
重油乳化剂	20#重油	20~40	—
	60#重油	50~100	—
	100#重油	100~280	—
	200#重油	300~500	—
	杂醇油	3~50	—
	羧甲基纤维素	1~10	—

【制备方法】

(1)先将重油乳化剂的各成分混合之后用3000r/min的搅拌机搅拌10~15min,制成重油乳化剂。

(2)将表面活性乳化剂中各组分混合均匀即得到表面活性乳化剂。

【注意事项】 本品包括表面活性乳化剂和重油乳化剂。

水分解催化剂、乙酰丙酮、对苯二酚为燃烧助剂。

水分解催化剂为改质环烷酸锌、改质环烷酸钡、钼酸烯土中的一种或几种与硝酸戊酯或硝酸异戊酯混合物。

三乙醇胺有助于微乳化体系的形成,对提高燃料的十六烷值、减少 SO_2 对环境的污染都有利,并能保护内燃机及外燃炉不受磨损及腐蚀。

重油乳化剂加在燃油和水中搅拌混合,四处分散引起二次微粒化现象,从而获得稳定的乳化燃料。

燃烧助剂中的乙酰丙酮,可使重油在高温下裂解,产生一定量的 CO 和 H_2。

水分解催化剂在高温下能使水分解成氢和氧,参与燃烧。乳化燃料中的水溶于混合醇后,在 0℃ 不会冻结,其乳化节能效果优于二元乳化节能效果。

聚乙烯基醋酸酯能降低乳化燃料的凝点及冷滤器堵塞点,改进低温冷流性。

对苯二酚可以阻止柴油、重油燃烧结焦。

【产品应用】 将本添加剂添加到柴油或重油之中,可以制成乳化柴油或乳化重油燃料,广泛应用于柴油机和外燃炉。

配制 0# 柴油的比例为:表面活性乳化剂 0.2%,重油乳化剂 30%,水 30%;配制 0~35# 柴油的比例为:柴油 61.8%,轻质油 5%,混合醇 3%,表面活性乳化剂 0.2%,重油乳化剂余量;配制乳化重油的比例为:重油 59.7%,表面活性乳化剂 0.1%,重油乳化剂 0.2%,水 40%。

【产品特性】 本添加剂掺水量高,乳化效果好,可以改善燃料的燃烧性能,减少环境污染。

由本添加剂制得的乳化燃料价廉质优,可以长期静置而保持稳定,油水不分离,凝点及冷滤器堵塞点低,低温冷流动性好;节能效果显著,烟尘减少 65%~90%。

实例 10　甲醇汽油复合纳米添加剂

【原料配比】

原　　料		配比（质量份）						
		1#	2#	3#	4#	5#	6#	7#
非水微乳液 A	正辛烷	12	14	14	26	26	48	—
	异辛烷	—	—	—	—	—	20	—
	正庚烷	—	—	—	—	—	—	30
	硝酸亚铈的甲醇溶液（0.2mol/L）	3	—	—	—	—	—	7
	硝酸亚铈/硝酸铜混合物的甲醇溶液（0.1mol/L）	—	3	—	—	—	—	—
	硝酸亚铈/硝酸镧/硝酸铜混合物的甲醇溶液（0.1mol/L）	—	—	3	—	—	—	—
	硝酸亚铈/硝酸镧/硝酸铜/硝酸锆混合物的甲醇溶液（0.2mol/L）	—	—	—	4	—	—	—
	硝酸亚铈/硝酸镧/硝酸铜/硝酸锆/硝酸镍混合物的甲醇溶液（0.2mol/L）	—	—	—	—	4	—	—
	硝酸亚铈/硝酸铜/硝酸锌混合物的甲醇溶液（0.2mL/L）	—	—	—	—	—	10	—
	脂肪醇聚氧乙烯醚	—	1.2	1.2	—	—	13	6
	吐温-60	1.4	—	—	2.4	2.4	—	—
	斯盘-80	1.6	0.8	1.4	2.8	2.8	—	—
	正丁醇	1	0.8	0.4	1.6	1.6	4	2.3
	异丁醇	—	—	—	—	—	3	—
	正丙醇	1	—	—	2	2	—	0.9

原　　　料		配比（质量份）						
		1#	2#	3#	4#	5#	6#	7#
非水微乳液B	正辛烷	12	14	14	26	26	48	—
	正庚烷	—	—	—	—	—	—	30
	异辛烷	—	—	—	—	—	—	20
	氨的甲醇溶液（1mol/L）	3	—	—	4	4	10	7
	氨的甲醇溶液（0.5mol/L）	—	3	3	—	—	—	—
	脂肪醇聚氧乙烯醚	—	1.2	1.2	—	—	13	6
	吐温-60	1.4	—	—	2.4	2.4	—	—
	斯盘-80	1.6	0.8	1.4	2.8	2.8	—	—
	正丁醇	1	0.8	0.4	1.6	1.6	4	2.3
	异丁醇	—	—	—	—	—	3	—
	正丙醇	1	—	—	2	2	—	0.9

【制备方法】　将非水微乳液A与非水微乳液B按照体积比1:1混合,搅拌60～150min,将混合物静置,以0.1～0.6L/min的速度通入氧气,20～120h后即得复合纳米添加剂。

【注意事项】　所述掺杂元素硝酸盐甲醇溶液是由以下组分配制而成:将锆、镧、钼、镍、铜、锰、锌中的一种或多种元素的硝酸盐0～40与硝酸亚铈60～100溶于甲醇中,配制成浓度为0.0001～0.5mol/L掺杂元素硝酸盐甲醇溶液。

【产品应用】　本品主要用作甲醇汽油添加剂。

本品复合纳米添加剂可以直接加入各种牌号的甲醇汽油中,也可以加入各种牌号的汽油中,而不会发生相分离。

【产品特性】　本品采用了非水微乳液这一特殊体系,利用该体系中的纳米级极性液滴进行反应制备复合纳米粒子,确保了纳米粒子粒径的均一性,并可以避免粒子团聚。通过在甲醇汽油中添加该复合氧化铈纳米粒子,利用纳米粒子的润滑修补作用提高气缸运行效率,利用催化燃烧的机理提高甲醇汽油的动力性能,最终实现甲醇燃油的清洁排放。本品的甲醇汽油复合纳米添加剂的制备工艺简单、成本低、较少的添加量就可实现助燃降排的效果。

实例11 甲醇汽油复合添加剂(1)

【原料配比】

原　　料	配比(质量份)	
	1#	2#
异丙醇	32	40
异丁醇	16	18
异戊醇	18	24
2-乙基己醇	4	5
石油磺酸钡	0.8	—
丁二酰亚胺	—	1
石油醚(沸点30~60℃)	6	9
异丙醚	3	4
四氢化萘	0.6	1
环烷酸锌	0.9	1
二甲基甲酰胺	0.9	1
甲基叔丁基醚	8	12
吐温-60	3	—
聚四氟乙烯	0.8	—

【制备方法】

(1)将异丙醇、异丁醇、异戊醇、2-乙基己醇加入原料混溶罐中,自然混溶30min。

(2)向上述混溶料中加入石油醚、异丙醚,在常压下搅拌30min。

227

（3）向步骤（2）的混溶料中加入石油磺酸钡或丁二酰亚胺、四氢化萘、环烷酸锌,加热温度为 42℃,搅拌 30min,然后加入加压反应釜内。

（4）将二甲基甲酰胺、甲基叔丁基醚、吐温-60、聚四氟乙烯加入加压反应釜内,加压 0.2MPa,搅拌 30min 后静置 24h,排出沉淀物,即得到本品添加剂产品。

（5）甲醇汽油的制备:将 89%~99%甲醇、1%~2%添加剂混匀,再将上述混合物 30%与 90#汽油 70%混合均匀,即得本品添加剂制得的甲醇汽油。

【产品应用】 本品主要用作甲醇汽油添加剂。

【产品特性】 用本品添加剂制成的 M30 甲醇汽油经使用具有良好的动力性能,燃烧性能、抗腐蚀性能、清洁性能、节油效果好。本品解决了醇类汽油对车用橡胶件有溶胀腐蚀和油箱、管路、发动机的金属腐蚀问题。车辆在使用过程中易启动、提速快,可有效清除燃料系统的积炭、胶质,延长发动机使用寿命,降低噪声,提高动力,大幅度地减少尾气中有害气体的排放。

实例12 甲醇汽油复合添加剂（2）

【原料配比】

原　　料	配比（质量份）			
	1#	2#	3#	4#
正己烷	10	20	15	20
叔丁醇	5	10	15	10
丙酮	15	8	5	8
乙酸乙酯	12	10	20	10
乙基叔丁基醚	10	8	5	8
乳酸甲酯	5	10	8	10
石油磺酸钙	10	10	6	10

原　　料	配比（质量份）			
	1#	2#	3#	4#
硬脂酸镁	3	5	3	5
异硬脂酸镁	2	2	5	2
甲酸乙酯	7	10	2	10
硬脂酸三甘油酯	2	2	4	—
硬脂酸单甘油酯	—	2	—	—
月桂酸乙酯	5	1	6	8
苯甲酸十二酯	3	1	—	—

【制备方法】　首先将正己烷、叔丁醇、丙酮、乙酸乙酯加入原料混合罐中，自然混溶 15min 后，向其中加入乙基叔丁基醚、乳酸甲酯，在常温常压下搅拌 15~20min，然后再加入石油磺酸钙、硬脂酸镁、异硬脂酸镁后，再加入甲酸乙酯，搅拌 25~30min，将混合料导入反应釜内，再将硬脂酸三甘油酯、硬脂酸单甘油酯、月桂酸乙酯、苯甲酸十二酯加入反应釜中，于 $60.6×10^5 Pa$（60atm）下搅拌 25~30min 后减至常压，静置 24h，滤去沉淀物，即得本品甲醇汽油复合添加剂。

【注意事项】　所述燃烧促进剂包括以下组分：乳酸甲酯 5~10、乙基叔丁基醚 5~10。

所述清净分散剂包括以下组分：石油磺酸钙 6~10、硬脂酸镁 2~5、异硬脂酸镁 2~5。

【产品应用】　本品主要用作甲醇汽油添加剂。

【产品特性】

(1)使用本品甲醇汽油复合添加剂调和制成的甲醇汽油，具有稳定性好、动力性强、互溶性佳、节油效果好的特点；因其包含表面活性剂和助溶剂，便于储运，且长时间和低温存放也不发生相分离和沉淀现象。

(2)由于添加了燃烧促进剂，促进了汽油燃烧性能，大大降低了汽油机为其中的碳烟排放,而且没有增加氮氧化合物或者硫氧化合物的排放量,增强了汽油机的动力。

实例13 甲醇汽油添加剂(1)

【原料配比】

原　　料	配比(质量份)				
	1#	2#	3#	4#	5#
乙烷	2.5	3	2	1	2.5
正己烷	2	1	2	3	3
甲基叔丁基醚	36	50	40	30	36
乙醇	6	4	8	3	6
2,2-二甲基丁烷	0.5	1	3	3	1
叔丁醇	1	5	5	4	2
正丙醇	2	2	4	5	2
2-乙基-1-乙醇	2.4	0.5	2	3	2.4
甘醇	5	2	3	5	5
1,3-二羟基丁烷	2	1	—	1	1.5
新戊二醇	8	3.5	2	5	6
1,6-二羟基己烷	2	—	1	1.2	1
三羟甲基丙烷	4	3	2	5	5
季戊四醇	5	8	2	7	5
二异丙醚	5	6.7	12	7.2	7.5
2-乙二氧基乙酸乙酯	3	1	2	3	3
硝酸异丙酯	2.5	1	3	4	2.5
丙酮	8	5	2	3	4.5
丙二酸乙酯	2	1	2	2	2

续表

原　　料	配比(质量份)				
	1#	2#	3#	4#	5#
碳酸二苯酯	0.5	2	2.3	4	15
102TB 腐蚀抑制剂	0.3	0.2	0.5	0.1	0.3
107PT 防溶胀剂	0.3	0.1	0.2	0.5	0.3

【制备方法】　在常温常压下,将各组分加入混合罐中,充分搅拌混合均匀即可。

【产品应用】　本品主要用作甲醇汽油添加剂。

【产品特性】

(1)辛烷值高。本品的辛烷值大于 100,使用该燃料可以进一步提高发动机的压缩比。

(2)燃料有害物的含量少;抗氧化和安全性好。

(3)添加剂适应范围广。使用本品的添加,所采用和甲醇混配的基础油也不局限于使用国标普通汽油,其他如石脑油、溶剂油等都能充分利用。此外,本品的添加剂,还可以用于配制甲醇柴油、甲乙醇汽油等。

(4)使用本品添加剂配制的甲醇汽油,可以与各型号汽油、乙醇汽油等以任意比例混溶使用,并且在添加前后无须清洗油箱,使用方便。

实例 14　甲醇汽油添加剂(2)

【原料配比】

原　　料	配比(质量份)		
	1#	2#	3#
甲醇	25	25~30	25~30
异丁醇	5	10	8
油酸	10	15	13

续表

原　料	配比(质量份)		
	1#	2#	3#
碳酸二甲酯	1	3	2
二甲醚	1	3	2
吐温-80	0.1	0.2	0.15
斯盘-80	0.1	0.3	0.15
甲基叔丁基醚	0.2	0.5	0.35
二甲氧基甲烷	0.1	0.3	0.2
丙酮	1	2	1.5
叔丁醇	0.1	0.3	0.2
六亚甲基四胺	0.1	0.3	0.2
102TB 腐蚀抑制剂	0.1	0.2	0.15

【制备方法】　将原料加入反应釜中,将其加热至50~55℃,反应30~45min后,打入成品罐,即为成品。

【产品应用】　本品主要用作甲醇汽油添加剂。

【产品特性】　本品工艺简单、操作简捷、成本低廉、更加环保。尾气排放比石化汽油低60%~80%,减少对环境空气污染。甲醇类燃料可以与石油燃料混合使用,发动机不需改动可直接使用。

实例15　甲醇汽油添加剂(3)

【原料配比】

1. 甲醇汽油添加剂

原　料	配比(质量份)						
	1#	2#	3#	4#	5#	6#	7#
乙二醇	2	2	2	2	2	2	2

续表

原　料		配比 (质量份)						
		1#	2#	3#	4#	5#	6#	7#
抗氧化腐蚀剂	2,6-二叔丁基对甲酚	200	100	500	500	50	—	—
	2,4-二甲基-6-叔丁基酚	—	—	—	—	—	40	40
	N,N'-二异丙基对苯二胺	25	15	75	15	—	—	—
	N,N'-二亚水杨-1,2-乙二胺	—	—	—	—	—	—	7
	1201 型 N,N'-二亚水杨丙二胺	—	—	—	—	5	5	—
清净分散剂	T154 型聚异丁烯丁二酰亚胺	400	500	1	400	400	200	200
促燃防爆剂	甲基环戊二烯三羰基锰	100	50	50	100	100	100	100
互溶剂	正丁醇	1.4	—	—	—	1.4	1.4	1.4
	叔丁醇	—	—	0.4	—	—	—	—
	异丙醇	—	1.3	—	—	—	—	—
	丙酮	—	—	—	0.85	—	—	—
着色剂	苏丹红	50	50	50	50	50	50	50

2. 甲醇汽油

原　料	配比 (质量份)
无水甲醇	30~85
甲醇汽油添加剂	0.1~10
汽油	余量

【制备方法】

(1)甲醇汽油添加剂的制备:在装有温度计和高速剪切搅拌机及冷凝器的反应釜中,加入乙二醇,开始搅拌,依次加入下述物质:抗氧化腐蚀剂、清净分散剂、促燃防爆剂、互溶剂、着色剂,加入完毕后,加热至45~50℃,搅拌2h,自然冷却,得到黄或淡红黄色透明溶液,即为添加剂。

(2)甲醇汽油的制备:向反应器中,依次加入无水甲醇(水含量<0.01%)、汽油、甲醇汽油添加剂,以250r/min的速度搅拌0.5~10h。用这种工艺得到的甲醇汽油经试验在-25℃条件下密闭保存,180天内不发生分层,可以满足日常使用要求。另外,本品反应器只要装备有搅拌设备及冷凝回流装置,则任意一种反应器都可以使用。

【注意事项】 所述无水甲醇水含量低于0.01%。

所述汽油包括下面分类方式中的所有品种:以制备方法可分为直馏汽油、烷基化油、催化裂解汽油、催化重装汽油以及前述几种汽油的两种或两种以上的调和汽油。

以常用标号可分为90#、93#、97#。

所述甲醇汽油添加剂由以下组分组成:乙二醇1~3、抗氧化腐蚀剂5~500、清净分散剂1~500、促燃防爆剂50~100、互溶剂0.4~1.4、着色剂49~51。

抗氧化腐蚀剂可降低空气对甲醇汽油的氧化作用,防止甲醇被氧化成甲醛以至甲酸,又可以降低以致杜绝金属部件氧化腐蚀。这类抗氧化腐蚀剂包括胺类中的至少一种和选自有机酚类中的至少一种。其中,胺类包括但不限于 N,N′-二亚水杨-1,2-丙二胺、N,N′-二亚水杨-1,2-乙二胺、N,N′-二异丙基对苯二胺等,有机酚类包括但不限于2,6-二叔丁基对甲酚,2,4-二甲基-6-叔丁基酚等。

清净分散剂可以降低发动机积炭及管路杂质,这类清净分散剂包括但不限于聚异丁烯丁二酰亚胺等聚异丁烯基胺类、烷基丁二酰亚胺类、脂肪胺类等。

促燃防爆剂可以改善甲醇汽油的低温启动困难问题,并且可以改善发动机工作性能。这类促燃防爆剂包括但不限于如二茂铁等含铁有机物质;甲基环戊二烯三羰基锰等含锰有机物质、乙二醇单甲醚等醚类有机物质。

所述互溶剂使得各类物质溶解均一,并且可以改善甲醇汽油的饱和蒸汽压,防止气阻现象。这类互溶剂包括但不限于如乙醇、丙醇、异丙醇、正丁醇、乙二醇等醇类物质;丙酮、丁酮等有机酮类溶剂。

着色剂可以使颜色清晰,与其他无色溶液容易辨别,这类着色剂包括但不限于甲基红、苏丹红等。

【产品应用】 本品主要用作甲醇汽油添加剂。

通过本品制备的甲醇汽油添加剂,以 0.1%～10% 的比例添加进中、高比例的甲醇汽油中,可使两者充分互溶,在低温下保存 180 天不发生分层,添加剂的添加比例较优选 0.2%～0.5%。

【产品特性】

(1)冷启动容易,经普通桑塔纳轿车和捷达轿车在不同季节的试验,在陕西、宁夏等地区的干燥冬季,环境温度低于-20℃,冷启动无障碍,和加入普通93#汽油感观上无分别。

(2)由于加入了一定比例的高沸点溶剂,有效地降低了甲醇汽油的饱和蒸汽压,在北方夏季 35℃ 环境下无气阻发生。

(3)抗爆指数高。

实例16 甲醇汽油添加剂(4)

【原料配比】

1. 甲醇汽油添加剂

原　　料	配比 (质量份)		
	1#	2#	3#
异丙醇	30	40	50
叔丁醇	10	15	20
乙酸丁酯	1	2	5
过氧化甲乙酮	1	3	5
过氧化氢	1	3	5

原　　料	配比（质量份）		
	1#	2#	3#
石油醚	1	3	5
二甲苯	5	6	10
辛烷值改进剂	1	2	4
二甲氧基甲烷	1	3	5
抗氧防胶剂	0.1	0.2	0.5
防腐剂	0.1	0.2	0.5
抗磨剂	1	2	8
防水剂	3	4	6
分散剂	1	2	5
脂肪酸胺	1	2	3
120#溶剂油	30	30	15
乙醇	5	8	10

2. 甲醇汽油

原　　料	配比（质量份）		
	1#	2#	3#
甲醇	30	50	80
汽油	65	45	—
甲醇汽油添加剂	5	10	20

【制备方法】

（1）甲醇汽油添加剂的制备：将各组分原料投入混合罐中混合均匀即得甲醇汽油添加剂。

（2）甲醇汽油的制备：先将甲醇和甲醇汽油添加剂按配比投入混

合罐中,充分混合后,制成变性甲醇,再将汽油投入混合罐中,混合均匀,再将所得混合物经剪切乳化机进行剪切搅拌混合均匀,在放入储罐,静置24h,即得成品。

【产品应用】　本品主要用作甲醇汽油添加剂。

【产品特性】

(1)所用的添加剂为普通化工原料,来源易得,价格低制备工艺简单,甲醇汽油外观清亮透明与石化汽油颜色相同。

(2)性能优良有效解决了甲醇汽油性能不稳定,见水易乳化,低温启动困难,高温气阻,甲醇对金属的腐蚀性和对橡胶的溶胀,甲醇掺烧比例低等技术难题。

(3)不用改变发动机结构,可直接使用本品的甲醇汽油,可单独使用,也可以和石化汽油混合使用,而且不影响汽车发动机正常工作,动力性,启动性,油耗与石化汽油相当。

(4)稳定性好,抗水性强,长期存储六个月不分层,仍保持清亮透明。

(5)使用了本品添加剂,甲醇掺烧量最高可达80%,其整体性能达到国标90#、93#、97#无铅汽油标准,减少了对石油资源的消耗,尾气排放更加清洁环保,可达到欧Ⅲ排放标准。

实例17　节油添加剂

【原料配比】

原　　料	配比(质量份)	
	1#	2#
甲醇	42	34
甲苯	33	42
异丙醇	20.8	15
苦味酸	1.6	3
硝基苯	1	2
十二胺	0.5	2

原　　料	配比(质量份)	
	1#	2#
硫酸铜	0.05	0.2
硫酸亚铁	0.15	1
草酸	0.9	0.8

【制备方法】　将甲苯、甲醇、异丙醇按比例通过高位槽放入反应釜内,在搅拌的情况下互相混合,搅拌均匀后,依次加入苦味酸、硝基苯、十二胺、硫酸铜、硫酸亚铁,加热搅拌使其溶解,再用草酸调整 pH 值为 6~8,然后用泵打入静置槽,静置后放出成品进行包装。

【产品应用】　本品主要用作节油添加剂。

【产品特性】　在实际应用中,该节油添加剂的添加量在 0.5‰~2‰时,节油率相对较高,并能改善燃烧性能,提高发动机的动力性能,对机械构件无腐蚀磨损作用,不增加废气中有害排放物的浓度,性能稳定。

实例18　汽油、柴油多效复合添加剂

【原料配比】

原　　料		配比(质量份)		
		1#	2#	3#
清洗剂	多乙二醇烷基醚	—	20	35
	乙二醇乙醚	8	—	—
分散剂	聚异丁烯丁二酰亚胺(相对分子质量 900~1300)	40	15	10
	聚异丁烯丁二酰亚胺(相对分子质量 1800~2300)	—	10	—

原　　料		配比（质量份）		
		1#	2#	3#
抗氧剂	2,6-二叔丁基对甲酚	—	0.3	0.4
	4,4′亚甲基双（2,6-二叔丁基苯酚）	0.3	0.2	0.4
防腐剂	N,N'-二烷基氨基亚甲基苯三唑	—	0.3	0.4
	2,5-二（烷基二硫代）-3,4-噻二唑	0.2	—	0.6
携带剂	矿油	—	10	15
	HVI150 中性润滑油	5	—	—
基础液	190# 芳烃溶剂	30	44.2	38.2
	煤油	16.5		

【制备方法】　先将分散剂和基础液混匀,得到 A 混合液,将清洗剂、抗氧剂、防腐剂和携带剂混匀,得到 B 混合液,将 A、B 混合液在35~50℃下搅拌均匀,经过滤后即得到成品。

【注意事项】　所述清洗剂包括单或多乙二醇烷基醚、单或多乙二醇烷基苯醚。它们是一种极性较强的溶剂,能够使燃料系统的积炭和沉积物软化、溶解;另外,由于它们具有好的耐高温性能,因此,对汽车发动机的化油器、电喷嘴和进气阀上的积炭和沉积物都有良好的清洗效果。

所述分散剂包括聚异丁烯丁二酰亚胺,相对分子质量为 900~1300 或 1800~2300。它是一种无灰分散剂,通过其极性基团和油溶性基团使炭沉积物分散于汽油中,带走烧掉。

所述抗氧剂包括 2,6-二叔丁基对甲酚,4,4′-亚甲基双(2,6-二叔丁基苯酚)、N,N'-二仲丁基对苯二胺或其混合物,其主要作用是抑制燃料中的烯烃在储存和使用过程中氧化生成油泥和积炭。

所述防腐剂包括 N,N'-二烷基氮基亚甲基苯三唑、2,5-二(烷基二硫代)3,4-噻二唑、N,N'-二亚水杨基-1,2-丙二胺,其主要功能是防止在使用过程中对油路系统金属零件的腐蚀。

所述的润滑及携带剂包括 HVI150、HVI500 在内的矿物油或包括聚异丁烯在内的合成油,其功能是将油路系统的各部件上涂上一层薄薄的油膜,起到润滑作用并对积炭有软化和疏松作用,使其易于从部件上清洗下来并分散在燃料中。

所述基础液包括芳烃溶剂、煤油或其混合物,所述的芳烃溶剂包括 190#、200#芳烃溶剂。

【产品应用】 本品主要用作燃油添加剂。

【产品特性】 本品由于是一种多效复合添加剂,具有多种功能,特别是使用了良好的清洗剂使它具有很强的高低温清洗性能,在进气阀的高温下仍有很好的适应性。不仅清洗功能强,而且清洗下来的积炭微粒易于被分散剂分散在燃油中,不致造成油路堵塞等现象。

本品有很好地保持油路系统清洁的功能。新车和油路系统清洁的汽车,长期使用本品能保持油路系统干净和汽车发动机良好的工作状态。

本品含有防锈-抗腐蚀组分,能够抑制油路系统各零件生锈和腐蚀,延长使用寿命。

本品选用的各组分具有很好的协同作用,在汽油/柴油中加入本品复合剂后,综合使用性能有了较大的提高,主要体现在保护清洁汽车的油路系统,驾驶性能和提速性能都有明显提高,汽车尾气的有害物质 CO 和碳氢化合物(HC)排放量明显降低,减少汽车尾气对空气的污染,而且还有较明显的节油效果。

实例 19 汽油、柴油防冻节能添加剂

【原料配比】

原　　料		配比（质量份）			
		1#	2#	3#	4#
山嵛酸脂肪醇酯	山嵛酸软脂醇酯	780	—	—	100
	山嵛酸 $C_{16} \sim C_{20}$ 混合脂肪醇酯	—	980	—	—
	山嵛酸硬脂醇酯	—	—	500	—
软脂酸软脂醇酯		—	—	300	500
硬脂酸软脂醇酯		—	—	90	150
脂肪醇聚氧乙烯醚	AEO-3	50	20	14	—
	AEO-5	—	—	—	80
硬脂醇		25	—	25	25
软脂醇		25	—	24	25
山嵛酸		70	—	47	70
石蜡		50	—	—	50

【制备方法】 分别将山嵛酸脂肪醇酯、软脂酸脂肪醇酯、硬脂酸脂肪醇酯、硬脂醇、软脂醇、山嵛酸、脂肪醇聚氧乙烯醚和石蜡加入反应釜中，搅拌并加热至 100~150℃，待全部混熔后，保温继续搅拌 30~60min，然后一边搅拌一边冷却至室温，冷却后可按使用要求制成片状、粒状或粉末状，再进行包装。

【注意事项】 山嵛酸脂肪醇酯为山嵛酸 $C_{16} \sim C_{25}$ 直链脂肪醇酯或山嵛酸 $C_{16} \sim C_{25}$ 混合直链脂肪醇酯，优选使用山嵛酸 $C_{16} \sim C_{20}$ 直链脂肪醇酯或山嵛酸 $C_{16} \sim C_{20}$ 混合直链脂肪醇酯，最优选使用山嵛酸软脂醇酯。

软脂酸脂肪醇酯为软脂酸 $C_{16} \sim C_{20}$ 直链脂肪醇酯或软脂酸 $C_{16} \sim C_{20}$ 混合直链脂肪醇酯，优选使用软脂酸软脂醇酯。

硬脂酸脂肪醇酯为硬脂酸 $C_{16} \sim C_{20}$ 直链脂肪醇酯或硬脂酸 $C_{16} \sim C_{20}$ 混合直链脂肪醇酯,优选使用硬脂酸软脂醇酯。

山嵛酸脂肪醇酯、软脂酸脂肪醇酯和硬脂酸脂肪醇酯可以由相应的羧酸和相应的醇直接酯化制得。

脂肪醇聚氧乙烯醚是非离子表面活化剂,别名 AEO,如 AEO-3 或 AEO-5。

【产品应用】 本品适用于汽油、柴油。

使用时,在汽油、柴油中按质量添加本品 $60 \sim 90 mg/kg$。

【产品特性】 本品原料易得,所有成分均无毒,对人体安全;添加量小,对各类车辆机件无损害;使用效果好,可降低汽油或柴油的凝固点和黏度,使其在汽缸壁黏着力减小,减少对汽缸壁积炭,同时使其雾化时锥角增大,雾滴变细,射程变近,使汽油或柴油在速燃和缓燃期平稳燃烧,汽车尾气黑烟减少,尾气中一氧化碳含量降低 50%以上,碳氢化合物降低 60%以上,节能 15%,同时起到防冻作用,改善汽油、柴油在冬季的流动性,并可大幅度减轻环境污染。

实例20 汽油、柴油添加剂

【原料配比】

原　　料	配比(质量份)
甲醇	21
异丙醇	18
石脑油	32
三乙醇胺	13
四氢呋喃	8
丁醇	8

【制备方法】

(1)取甲醇和异丙醇混合搅拌。

(2)静置 10min 后,加入石脑油,混合搅拌。

(3)不分层后加入三乙醇胺、四氢呋喃和丁醇混合即得成品。

【注意事项】 所述石脑油可以用苯及醋酸甲酯代替。

所述三乙醇胺可以用二乙醇胺代替。

所述四氢呋喃可以用乙基叔丁基醚代替。

各种原料在本品中所起的作用如下:石脑油和苯及醋酸甲酯是理想的高效燃料,可以提高辛烷值和冷启动性能。

异丙醇和甲醇混合后,可起到提高汽油和柴油辛烷值以及清洁汽油柴油的作用,能使汽油和柴油充分燃烧,提高发动机热效率,增强动力,增加机动车辆行程,节约燃油,并可替代现有无铅汽油中的致癌物质甲基叔丁基醚,减少有毒气体的形成和排放。

三乙醇胺和二乙醇胺具有消解和中和酸类,抗腐蚀的功效。

四氢呋喃和乙基叔丁基醚是高效燃料,可提高汽油和柴油的燃烧率,并可消除气阻现象,增强汽车的冷启动性能。

【产品应用】 本品可应用于一切使用汽油和柴油(包括乙醇汽油)的各种机动车和其他燃油设备及灶具。

本品使用注意事项:

(1)首次使用之前应先检查油箱,若发现油箱底部较脏有杂质,必须先清洗,否则会影响功效。

(2)不可用于添加其他油类。

(3)除汽油中原带乙醇外,不许与其他添加剂同时使用,否则会损坏车辆及设备。

(4)为防止发生燃烧或爆炸,储存和添加过程中严禁接触明火。

【产品特性】

(1)本品除了可部分替代汽油和柴油外,还可以增加机动车的行程达到 15%~20%,真正达到了既环保又节能的效果。

(2)对机动车及设备无副作用,使用方便。

(3)其原料来自于化工企业及医药企业的副产品,节约成本。

(4)燃烧排放气体中有害气体含量明显降低,利于环保。

实例 21　汽油催化燃烧添加剂

【原料配比】

原　　料	配比(质量份)			
	1#	2#	3#	4#
120#溶剂油	25	—	24	—
90#溶剂油	—	33	—	—
200#溶剂油	—	—	—	25
甲基叔丁基醚(MIBE)	30	—	20	—
甲基叔戊基醚(TAME)	—	5	—	30
乙酸乙酯	—	5	—	7
乙酸丁酯	—	—	6	—
磺酸钙	—	—	5	7
磺化琥珀酸二辛酯钠盐	20	15	15	10
环烷酸钴	25	—	—	13
环烷酸锌	—	12	7	5
环烷酸铜	—	30	—	—
甲苯	—	—	8	—
乙苯	—	—	—	5
环烷酸铁	—	—	25	—

【制备方法】　将各组分加入溶剂油中,充分搅拌混合均匀,即可得到添加剂。

【注意事项】　所述脂肪醚可采用甲基叔丁基醚(MIBE)或甲基叔戊基醚(TAME);过滤金属环烷酸盐可采用环烷酸铜、钴或铁盐;碱土金属磺酸盐可采用磺酸钙或钡盐;芳烷烃可采用甲苯、二甲苯或乙苯;醋酸酯可采用醋酸乙酯或醋酸丁酯;而溶剂油可采用商品 200#、120#和 90#溶剂油。

本品提供的添加剂,由于以脂肪醚代替甲醇,降低了汽油的蒸汽压并提高了辛烷值,使用磺化琥珀酸二辛酯钠盐,减少了发动机燃烧室沉积物,提高了燃烧效率,过渡金属环烷酸盐起到催化燃烧、消烟、抗积炭等作用,此外,环烷酸锌可起到防锈缓蚀作用,醋酸酯可起到助溶和增加氧含量的作用。

【**产品应用**】　本品主要用作汽油添加剂。

【**使用方法**】　添加剂按 1/2000~2500 的体积比加入汽油中,搅拌或放置 15min 即可使用。

【**产品特性**】　本品添加剂添加量为汽油体积的 1/2000~1/2500 时,即可使汽油达到节油 13%~20%、烟度降低 20%~40%、HC 化合物含量降低 35%~50%、CO 含量降低 30%~70%,辛烷值可提高达 0.5 个单位。长期使用加有本品添加剂的汽油,可以减少发动机燃烧室的沉积物,减少发动机的腐蚀,延长发动机的使用寿命。

实例22　汽油多效复合添加剂

【**原料配比**】

原　　料		配比 (质量份)	
		1#	2#
辛烷值添加剂	甲基叔丁基醚	70	80
	二甲苯和异丙醇混合物	9	5
抗氧防胶剂	501 抗氧防胶剂	7	8
	甲基丙烯酸十二烷基酯	5	5
甲基环戊二烯基三羰基锰		7	6

【**制备方法**】　在常温常压下,直接将辛烷值添加剂、抗氧防胶剂及甲基环戊二烯基三羰基锰加入混合搅拌罐中,搅拌 15~30min,即得所需复合添加剂,产品为浅橙色液体。

【**产品应用**】　使用本品时可以直接利用滴混流的方法(即利用文丘里管滴加混合的方法)将其加入,把多种低质量的油品调配成符合国家标准的不同牌号的油品,使低质油品提高其利用价值。所述低质量的油品包括原油减压蒸馏、热裂化、催化裂化、烷基化、焦化等炼油装置直接得到的汽油馏分。

在 25~50 质量份的 90~97# 汽油和 50~75 质量份的低质汽油的混合物中,用滴混流的方法加入 1~10 质量份的本复合添加剂,就可以配成 70# 汽油。如果用 50~70 质量份的 90~97# 汽油和 30~50 质量份的低质汽油的混合物,再加入 5~15 质量份的复合添加剂,就可以配制成 90# 汽油。

【产品特性】 本品原料易得,工艺简单,使用方便,效果显著;能够提高汽油辛烷值,防止油品氧化生胶沉淀,提高油品的贮存和使用安定性,还能防止汽油汽化器上的积炭,提高汽油的燃烧性能,使排出的尾气中烃类及一氧化碳的含量很少。

实例23 汽油环保添加剂

【原料配比】

原　　料	配比(质量份)						
	1#	2#	3#	4#	5#	6#	7#
甲基叔丁基醚	2	10	10	2	2	10	6
丁醇	40	18	18	40	40	18	20
甲醇	500	990	990	500	500	990	970
甲基环戊二烯三羰基锰	—	—	3	19	19	3	4
环乙胺	—	—	—	—	5	20	10
乙二醇	—	—	—	—	30	5	15

【制备方法】 常温下将原料混合均匀,搅拌 1h 即可。

【注意事项】 所述丁醇纯度为 ≥98%,所述甲醇纯度为 ≥99.99%,所述环乙胺的纯度为 ≥95%。

(1)甲基叔丁基醚,是一种高辛烷值的液体,是生产无铅,高辛烷值,含氧汽油的理想调和组分。它不仅能有效提高汽油辛烷值,而且还能改善汽车性能,降低排气中 CO 含量,同时降低汽油生产成本。化学含氧量较甲醇低得多,利于暖车和节约燃料,蒸发潜热低,对冷启动有利,常用于无铅汽油和低铅油的调和。

MTBE 是优良的汽油高辛烷值添加剂和抗爆剂,与汽油可以任意比例互溶而不发生分层现象,与汽油组份调和时,有良好的调和效应,调和辛烷值高于其净辛烷值,MTBE 能够显著改善汽车尾气排放,但如果加入的 MTBE 比例不加以控制、使理论当量空燃比超出闭环控制发动机电子控制单元自适应能力所及的调节范围,则会因富氧而干扰闭环控制,使三元催化转化器的转化效率下降。汽油中的 MTBE 的含量超过 7%,汽车排放中的氮氧化物会增加。MTBE 具有良好的化学安定性和物理安定性,在空气中不易生成过氧化物,MTBE 毒性很低,在生产和使用过程中,不会产生严重毒害人体健康的问题。

(2)甲基环戊二烯三羰基锰,是一种汽车燃油添加剂,可以提高燃油的品质,降低成本。它可以作为四乙基铅的辅助抗爆剂使用,能有效地提高汽油,特别是高石蜡烃组成的汽油的辛烷值。

【产品应用】　本品主要用作汽油添加剂。

【使用方法】　使用时只需将配制的汽油环保添加剂按照 1%~30%(质量分数)的比例加入汽油中即可。

【产品特性】

(1)能有效地改善汽油品质,提高汽油辛烷值,抗爆效率高而添加量小,可提高汽油 2~3 个辛烷值。

(2)燃烧性好,能随燃料一同完全燃烧而不产生沉淀或残渣,节油效果明显。

(3)无副作用,对燃料其他性质无不良影响。

(4)易溶解,在室温下即能溶解于汽油而不溶于水。

(5)性质稳定,在空气中不分解,沸点较高,不易蒸发损失。

(6)无毒性,对环境不造成污染。

(7)熔点低,不易结晶,便于实际使用。

实例24　汽油节油添加剂

【原料配比】

原　料	配比（质量份）										
	1#	2#	3#	4#	5#	6#	7#	8#	9#	10#	11#
甲醇	30	25	19	10	30	29	27	30	28	29	30
硫酸铜	8	6	9	10	10	9	8	9	8	8.8	7
丙酮	9	5	9	10	10	10	9	8	9	9	3
六亚甲基四胺	15	10	14	15	15	14	13	14	12	15	14
斯盘-85	5	5	4	5	5	4	4.5	4	5	0.2	2
正丙醇	15	20	18	20	20	19	18.5	5	10	9	17
异丙醇	18	29	27	30	10	15	20	30	28	29	27

【制备方法】 将甲醇和硫酸铜放入常压、恒温20℃反应釜中搅拌10~20min；每隔15min依次加入丙酮、六亚甲基四胺、斯盘-85、正丙醇、异丙醇。全部配料加入反应釜后再搅拌25~40min，生成蓝色透明液体即是汽油节油添加剂。

【产品应用】 本品主要用作汽油添加剂。

【产品特性】 本品配方科学合理，能有效改善汽油的品质，提高汽油辛烷值、提高燃烧值、增加动力、消除积炭、清洁燃油系统、节油效果明显；减少汽车尾气污染物的排放，增强机器润滑性，延长机器寿命，降低汽车运行成本；对燃油其他性质无不良影响及副作用，性质稳定，在空气中不分解，对环境不造成污染。它可以加入任一种牌号的汽油中，高效环保汽油节油添加剂的添加比例18mL/10L汽油，初次添加为20mL/10L汽油。试验检测结果显示：节油率高，在13~20%；车辆尾气排烟值降低65%以上；发动机噪声下降20%以上；彻底清除积炭、清洁燃油系统、延长机件寿命；汽车最大输出功率可提高20%以上；提高辛烷值，可使90#汽油提高到97#以上。

实例 25   汽油净化尾气添加剂

【原料配比】

原　　料	配比(质量份)	
	1#	2#
乙醇	35	30
间甲基苯甲酸	12	12
三氯乙烷	12	12
环己酮	21	25
甲苯	20	21

【制备方法】　按配比将原料混合均匀,形成汽油添加剂成品。

【注意事项】　间甲基苯甲酸的主要作用是助燃。

乙醇的主要作用是溶解。乙醇对某些化合物,尤其是对燃油以及与燃油有相似分子结构的化合物有较强的亲和力,能使添加剂与油料瞬时溶解。

三氯乙烷的主要作用是软化。在通常的标准汽油中,C、H、S、N等数据的差值较大,例如,在汽油中当 C 含量比例增大时,由于其惰性强,加入三氯乙烷可将其软化,提高其活力。

【产品应用】　本品适用于车用汽油。使用时,添加剂与汽油的质量比为(1∶500)~(1∶2000)。

【产品特性】　本品原料易得,工艺简单,稳定性好,使用方便,易于推广;使用本品后,对汽油的各项理化性能指标没有不良影响,同时能够改善汽油的性能,燃烧完全,积炭少,一氧化碳的排放量平均降低 20%,碳氢化合物排放量平均降低 15%,有利于环境保护。

实例 26 汽油生物添加剂

【原料配比】

原　　料	配比 (质量份)		
	1#	2#	3#
甲基叔丁基醚	49	50	46
丙酮	0.2	0.22	0.17
甲醇	0.2	0.15	0.15
正丙醇	0.27	0.29	0.39
仲丁醇	0.13	0.14	0.12
二甲基甲酰胺	0.2	0.2	0.19
乙二醇甲醚	1	1	0.98
精炼棕榈油	49	48	52

【制备方法】　在环境温度为 20~25℃ 的条件下,按照以下顺序:甲基叔丁基醚、丙酮、甲醇、正丙醇、仲丁醇、二甲基甲酰胺、乙二醇甲醚、精炼棕榈油,将各组分加入带有搅拌器的容器中,添加完毕后以 150~200r/min 匀速充分搅拌 1~2h,使混合溶液全部溶解成均一溶液。

【注意事项】　所述精炼棕榈油产自马来西亚,成分及质量含量为:棕榈酸 38%~40%,油酸 41%~43%,亚油酸 11%~13%,其他成分 8%~10%。该精炼棕榈油在常温下呈膏状,与增溶剂混合后,能够在 -15℃ 保持液态,从而适用于各种汽油机和国内的各种气候条件,也适用于各种以汽油为燃料的使用器械。

【产品应用】　使用时,将本添加剂按汽油体积的 0.2%~0.6% 直接加入汽油中作为发动机燃料,不需要对汽油机进行任何改造。

【产品特性】　本品原料易得,配比合理,工艺简单,使用方便;能够显著改善汽油的经济性,降低燃油消耗率,大幅度降低排气中的 CO 和 HC,减轻污染,符合环保要求。

实例 27　汽油添加剂(1)

【原料配比】

原　　料		配比（质量份）			
		1#	2#	3#	4#
环戊二烯		—	—	4.1	1
蓖麻油		—	—	3.2	6
卤代烯烃	二氯乙烯	—	—	—	—
	二氯二溴丁烯	1.2	—	—	—
	四氯乙烯	—	1.2	1.2	0.4
卤代乙烷	二氯乙烷	—	—	1	—
	二溴乙烷	—	—	—	—
	二氯二溴乙烷	—	—	—	—
酯类	丙二酸二甲酯	—	2	—	—
	丙二酸二乙酯	2	—	—	—
	醋酸丁酯	—	0.8	—	—
	醋酸丙酯	—	—	0.8	—
	乙酸丁酯	0.8	—	—	0.3
芳烃类	苯	—	—	11.8	—
	甲苯	59.4	57.8	31.4	38
酶类	过氧化物歧化酶（SOB）	1	1.2	0.8	—
	过氧化物酶（FC）	3	3.6	3.2	—
有机酸酐	醋酸酐	3	2.1	—	—
溶剂类	200#溶剂油	10.2	8.4	15.6	14
	煤油	19.4	22.9	26.9	40.3
染料		适量	适量	适量	适量

【制备方法】 在常温常压下,将以上原料用一般的过滤方法,例如抽滤等方法进行过滤,除去不溶物等,然后放入带搅拌器的混合器中,充分搅拌,使各组分溶而充分地混合,最后过滤,去掉不溶物,额外加入染料,得到亮红色透明的液体产品。

产品中无不溶物等杂质,在20℃时密度为 $0.823 \sim 0.848g/cm^3$,闭口闪点>65℃,不含水溶性酸或碱等。

【注意事项】 卤代烯烃可以是 $C_2 \sim C_5$ 的卤代烯烃,所述卤素可以是氯或溴,优选二氯乙烯、二氯二溴丁烯或四氯乙烯。

卤代乙烷的卤素可以是氯或溴,优选二氯乙烷、二溴乙烷或二氯二溴乙烷。

通式 $C_x COOC_y$ 表示的酯类,式中 x 为 1~4 的整数,y 为 1~3 的整数。可以选自乙酸乙酯、乙酸丙酯、乙酸丁酯、丙二酸二甲酯、丙二酸二乙酯等中的一种或两种的混合物,二种的混合比例一般为(1:1)~(1:3)。

芳烃类包括甲苯、二甲苯、乙苯等,可以选用其中的一种或两种的混合物,二者的混合比例一般为(1:1)~(1:3)。

酶类是过氧化物歧化酶(SOB)和过氧化物酶(FC),两者的比例为(1:1)~(1:5)。

有机酸酐可以选自醋酸酐或丙二酸酐。

溶剂类包括 $200^\#$ 溶剂油和煤油,两者的比例一般为(1:1.5)~(1:3)。

本品中除以上组分外,还可以含有上述组合物总量 0.001~0.002 的染料。所述染料可以是苏丹Ⅰ和苏丹Ⅱ,以使组合物显示一定的颜色。

【产品应用】 本品可以作为稳定轻烃、直馏汽油、石脑油、催化裂化汽油等的添加剂,用于提高汽油辛烷值,并可以代替四乙基铅等抗爆剂。

本品用量一般为汽油馏分质量的 1‰~5‰,无须加入四乙基铅等抗爆剂,就可调配为成品油,是生产无铅汽油产品的较理想添加剂。

本品也可以与本领域已知的汽油添加剂,如抗氧化剂 2,6-二叔丁基对甲酚、苯二胺等一起使用。

【产品特性】 本添加剂可以大幅度地提高油品的辛烷值,并且无毒,可以明显改善油品的燃烧性能,促使汽油燃烧更完全,节油降耗效果显著;尾气排放符合国家标准,大大降低对环境的污染。

实例28　汽油添加剂(2)

【原料配比】

原　　料	配比(质量份)	
	1#	2#
甲醇或杂醇	60	42
乙醇	20	35
异丁醇	10	15
丙酮	5	5
双氧水	2	1.5
SEO-25 乳化剂	0.3	0.5
汽油(无铅汽油)	2.7	1

【制备方法】

(1)在常温、密闭的条件下,向容器中加入甲醇或杂醇、乙醇和异丁醇,于2800r/min 的转速下搅拌5~8min,得到乳化合成溶液,再加入丙酮,搅拌 20min 后得到 A 溶液。

(2)在搅拌条件下,向 A 溶液中加入双氧水,搅拌均匀后得到 B 溶液。

(3)向 B 溶液中加入 SEO-25 乳化剂,搅拌 25min,直到溶液呈透明无色状时,边搅拌边缓慢地加入汽油直到完全溶解,得透明状液体即为所需添加剂产品。

【注意事项】 所述 SEO-25 乳化剂全称为 EMULSIFIER;汽油为低标号无铅汽油,杂醇为醇类的混合物或化工厂粗醇。

【产品应用】 将本添加剂直接加入成品汽油中混匀即可,无须改动汽车任何部件。其加入量为汽油质量的 20%~40%。

【产品特性】 本品成本低,使用方便,能够减少对天然石油资源的消耗,经济效益和社会效益显著;主要原料属于可再生的且极易取得的醇类与相关的化工原料进行物理化学反应后生成的产物,是汽油最方便实用的氢储体和供氧剂,因此本添加剂能够迅速溶于汽油中;由于本添加剂不含硫及其他复杂化合物,加入汽油中就可以提高汽油的辛烷值、汽化潜热,改善抗爆性能及稀燃能力,从而增强动力,降低油耗,并可以大幅度降低尾气中一氧化碳和碳氢化合物的排放,减轻污染。

实例29 汽油添加剂(3)

【原料配比】

原　　料	配比(质量份)		
	1#	2#	3#
甲醇	28.6	27.3	29.6
乙醇丁醇混合物	18.8	19.5	19.1
乙醛缩二甲醇	0.5	—	—
甲基丙酮	8.7	9.8	9.6
丁酮	14.3	13.8	14.7
乙酸甲酯	8.6	9.2	9.5
甲苯	5	4	4.8
乙苯	3	3	2.9
6#溶剂油	3	4.2	4.4
200#溶剂油	6	5.8	5.4
N-甲基苯胺	3.5	3.4	—

【制备方法】 按照以下顺序:乙醇丁醇混合物、甲基丙酮、丁酮、甲苯、乙苯、乙酸甲酯、甲醇、乙醛缩二甲醇、N-甲基苯胺、溶剂油,将各组分加入到反应釜中,采用浆式搅拌器,在常温、常压、密封的状态

下搅拌 20min 即可将产品经泵打入成品罐。

【注意事项】　所述乙醇丁醇混合物由乙醇和丁醇混合而成,两者的混合体积比为(8~10)∶(92~90)。

原料中的甲醇、乙醇丁醇混合物、丁酮、为主要成分;乙醛缩二甲醇、6#溶剂油、N-甲基苯胺为调配成分;甲基丙酮、乙酸甲酯、甲苯、乙苯、200#溶剂油为改性成分。

【产品应用】　本品可以改善汽油的质量,提高汽油的品质,降低汽油的成本,使汽油的辛烷值得以提高(辛烷值增加 2~4 个单位),动力性能增强。不仅可以提高汽油的抗爆性能,还能改善汽油的其他物化性能,同时还能降低汽车尾气中有害物质的排放,使尾气得到净化。另外,还可部分替代汽油作燃料。

【产品特性】　本品原料易得,工艺简单,性能稳定,使用方便,无须对汽车发动机作任何改动;本品不同于一般简单的替代燃料,或单纯提高汽油辛烷值,而是作为一种富氢含碳可燃液体,像添加剂一样添加到汽油中,是环保型绿色产品。

实例30　汽油添加剂(4)

【原料配比】

1# 配方

原　　料	配比(质量份)
甲醇(纯度 98% 以上)	60
甲苯(工业级)	15
120#溶剂油	24
二茂铁	0.3
斯盘-20	0.1
吐温-20	0.1
十二烷基磺酸钠	0.2
乙酸乙酯	0.1
异丙醇	0.2

【制备方法】 在反应釜中,在常温常压下,先将二茂铁、斯盘-20、吐温-20、十二烷基磺酸钠、乙酸乙酯、异丙醇加入甲苯中溶解,再将甲醇、120#溶剂油加入容器中,进行三次以上循环调和即可,产品适于冬季使用。

2#配方

原　　料	配比(质量份)
甲醇	100
甲苯	40
石脑油	56
二茂铁	1
斯盘-20	0.3
吐温-20	0.3
十二烷基磺酸钠	1
聚丁酰胺	0.4
异丙醇	1

【制备方法】 在反应釜中,在常温常压下,先将二茂铁、斯盘-20、吐温-20、十二烷基磺酸钠、聚丁酰胺、异丙醇加入甲苯中溶解,再将甲醇、石脑油加入容器中,进行三次以上循环调和即可,产品适于夏季使用。

3#配方

原　　料	配比(质量份)
甲醇(纯度98%以上)	60
甲基叔丁基醚	15
常压直馏汽油	24
二茂铁	0.2
五羰基铁	0.1

原　　料	配比（质量份）
斯盘-18	0.1
吐温-12	0.1
十二烷基磺酸钠	0.1
十八烷基磷酸酯钠	0.1
乙酸乙酯	0.1
异丁醇	0.2

【制备方法】　在反应釜中，在常温常压下，先将二茂铁、五羰基铁、斯盘-18、吐温-12、十二烷基磺酸钠、十八烷基磷酸酯钠、乙酸乙酯、异丁醇加入甲基叔丁基醚中溶解，再将甲醇、常压直馏汽油加入容器中，进行三次以上循环调和即可，产品适于冬季使用。

【注意事项】　甲苯要求石油甲苯（工业级），也可以用甲基叔丁基醚代替；溶剂油可以用石脑油代替；甲醇要求石油或天然气为原料生产，纯度98%以上。

所述促进剂和催化剂中各组分的质量配比范围是：C_3、C_4醇0.1~0.6，乙酸乙酯0~0.2，无机盐和添加剂0.7~1.6。

无机盐和添加剂可以是二茂铁、吐温、斯盘、对苯二酚、十二烷基磺酸盐。

C_3、C_4醇可以是正丙醇或正丁醇，也可以是异丙醇或异丁醇或它们的衍生物或同分异构体；其中二茂铁、吐温、斯盘、对苯二酚、十二烷基磺酸盐等既可以是促进剂，也可以是催化剂，即同时具有促进催化作用。

本品中还可以包括：二茂铁衍生物、烷基醇酰胺、五羰基铁、烷基磷酸酯盐、硝酸钾、硫酸钠、木质素磺酸盐等添加剂或调节剂。

可以采用常压直馏汽油按同样质量配比范围代替120#溶剂油，可以采用190#溶剂油或重整抽余油按同样质量配比范围代替石脑油。

【产品应用】　本品可以加入到各种牌号的车用汽油中，加入后与

93#汽油相比,百公里耗油量降低 3%~6%。

【产品特性】 本品工艺简单,性能优良,能明显地提高汽油的辛烷值,降低汽油的胶质含量、铅含量、烯烃含量和芳烃含量,全面改善汽油品质,易发动,提速性能好,减少汽车尾气污染,降低汽车运行成本。

实例 31 汽油添加剂(5)

【原料配比】

原　　料		配比(质量份)
有机胺	三乙醇胺	18
脂肪酸	油酸	8
醇类	乙二醇	15
乳化剂	异构十三醇醚	6
烃类	甲基苯	53

【制备方法】

(1)将醇类和乳化剂进行混合。

(2)将有机胺和脂肪酸进行混合。

(3)将步骤(1)和(2)所得物料混合,再加入烃类混合均匀即可。

【产品应用】 使用时,将本添加剂按照(1∶50)~(1∶200)的比例加入汽油中,然后加至汽车的油箱,和汽油一起进入到燃烧系统。

【产品特性】 本品原料易得,工艺简单,性能优良,对金属无腐蚀,在汽油中稳定可靠;当汽油机在运行时,本品能够防止汽油燃烧时产生炭,并能自动清除已产生的炭沉积,避免缸盖、活塞、排气管等处的积炭现象,确保汽油机的正常运行,节省油耗,延长汽油机的使用寿命。

参考文献

[1] 赵新,赵美顺,多文.一种汽车发动机燃油系统清洗剂:中国, 200810104734.9[P].2009-10-28.

[2] 李奇,李全发,郭朝光.车用复合甲醇汽油:中国,200710166279.0[P]. 2009-05-13.

[3] 颜科文.混合型汽车干洗清洁剂:中国,200610026720.0[P].2007- 11-21.

[4] 朱虹.一种驱水型汽车挡风玻璃清洗剂:中国,200710098607.8 [P].2007-9-26.

[5] 殷冬媛,赵美顺,赵旭,等.一种车用防冻冷却液:中国,200910078317.6 [P].2010-08-25.

[6] 王诚德.一种洗车养车油精及其制备方法:中国,200710026089.9 [P].2007-8-19.

[7] 王锆冀.一种高效环保节能汽油添加剂:中国,200810065277.7 [P].2009-8-5.